이것은 인간입니까

ARE YOU A MACHINE?

Translated from the English Language edition of Are You a Machine?:
The Brain, the Mind, And What It Means to Be Human, by Eleizer Sternberg,
originally published by Humanities Press, an imprint of
The Rowman & Littlefield Publishing Group, Inc., Lanham, MD, USA.

인지과학으로 읽는 뇌와 마음의 작동 원리

이것은 인간입니까

엘리에저 J. 스턴버그 지음
이한나 옮김

심심

내가 모든 것을 빚진 나의 부모님께.

차례

들어가는 말

나는 어느 누구도 알지 못하는 세계를 안다. 그곳에 들어가려면 열쇠가 필요하며, 나만이 그 열쇠를 가지고 있다. 그 세계란 바로 내 내면의 생각으로, 그곳으로 들어가는 열쇠는 생각 그 자체다. 발상과 의견, 기억, 경험으로 가득한 이 세계를 거닐 수 있는 것은 오직 나뿐이다.

2년 전, 나는 이 정신세계가 어떤 원리로 돌아가는지, 또 어떻게 이런 일이 가능한지 궁금해졌다. 설명을 찾아 나서자 뇌 기능에 대한 생물학적 해석에 자연스레 도달했다. 실제로 뇌를 다룬 교재들은 신경들의 상호작용을 더 잘 이해하게 되면 결국은 마음의 비밀도 풀릴 거라고 주장한다. 어떻게든 과학은 내 두개골 안에 있는 물질이 어떻게 끝도 없는 정신세계를 가능케 하는지 밝혀줄 것이다.

그렇다면 생각이란 간이 담즙을 만들어내고 침샘이 타액을 만들어내는 것처럼 뇌가 만들어낸 산물일 것이다. 나는 이 설명이 퍽 불편했다. 만약 나의 생각이 뇌의 물리적 작용 과정으로 환원될 수 있다면 나와 같은 방식으로 정보를 처리하고 나처럼 행동하는 로봇을 나와 구별 짓는 것은 대체 뭐란 말인가? 마음이 아니라면 나의 인간성은 어디에서 비롯되었단 걸까?

이 문제를 고민하던 나는 우연히 존 설John Searle이라는 철학자의 논문을 발견했다. 〈사이언티픽 아메리칸Scientific American〉에 실린 '뇌의 마음은 컴퓨터 프로그램인가?Is the Brain's Mind a Computer Program?'라는 제목의 글이었다. 설은 논문에서 프로그램된 컴퓨터가 왜 인간의 마음이 만들어낸 세계를 이해할 수 없는지에 관한 논거들을 제시했다.

그의 논문과 뒤이은 여러 읽을거리를 통해 나는 인간의 의식이라는 문제에 관한 방대한 문헌들을 접하게 되었다. 살펴보니 철학자들은 현대 과학의 뛰어난 발전 수준을 인식하면서도, 뇌에 대한 지식이 우리의 생각을 기계적인 과정에 따른 결과인 양 예측하게 해줄 것이라는 주장에는 전혀 동의하지 않았다. 사실 철학자들은 저마다 이와 상반되는 흥미롭고 다양한 견해들을 내세운다. 이들의 글을 보면 오래

전부터 전해온 마음과 몸의 관계라는 문제가 최근 신경과학과 인공지능의 발달 덕에 새로이 중대한 국면을 맞았음을 알 수 있다. 과거 그 어느 때보다도 오늘날 다양한 관점의 철학적 탐구와 생물학적 연구, 컴퓨터 모델링이 인간의 의식이라는 거대한 불가사의에 집중되고 있다.

많은 연구자가 뇌의 작용 방식을 완벽하게 이해하는 일이 머지않았으며 곧 인간의 마음속도 들여다볼 수 있게 되리라 믿는다. 어떤 이들은 미래에 의식을 갖춘 기계가 발달하면 우리가 특별한 생명체라는 개념이 흔들릴 거라고 전망한다. 반면 또 다른 측에서는 기술이 아무리 발전해도 정신세계에는 결코 침범할 수 없는 자유의지, 추론, 상상과 같은 능력이 있다고 주장한다. 뇌의 작용 방식에 관한 이 불가사의의 해답에 따라 많은 것이 달라질 것이다.

나를 더욱 잡아끈 것은 이 논쟁에 담긴 풍부한 예시와 사고실험, 그리고 흥미로운 발상들이다. 튜링 테스트, 중국어 방 논증, 동물의 의식, 좀비, 기계 속의 유령, 대체 세계, 의식을 갖춘 기계 등의 예시에 대해 고민하다 보면 철학에 문외한인 사람도 이 분야에 무척 재미를 느끼게 된다. 선구적인 저술가들은 바로 이러한 개념들을 통해 과학과 기술 발전으로 인해 인류가 그저 기계에 불과함이 증명되고 말 것인지 여부를 고민한다. 물론 그렇다고 해도 인간은 대단히 정교한 기계이겠지만 어쨌든 핵심은 기계인가 아닌가다.

나도 이 논쟁의 답을 찾는 일에 몰두했지만 이 문제는 그 자체로도 매력이 넘친다. 이어지는 열다섯 개의 장에서는 대체 이 논란의 무엇이 그렇게 특별한지 전하고자 했다. 나의 견해는 마지막 장에서만 다루었다. 이 책의 목표는 이 논쟁이 추상적이고 철학적인 문답뿐만 아니라 우리가 자신에 대한 개념을 정립하는 데도 매우 중요하다는 사실을 알리는 것이다.

1

어느 과학자의 연구실에서

어떤 과학자가 당신의 뇌가 작용하는 원리를 모두 파악했다고 가정해보자. 성능 좋은 뇌 스캔 기술을 활용하여 수십 년간 연구한 끝에 이 과학자는 당신의 두개골 아래 존재하는 모든 세포와, 각 신경세포들이 형성하고 있는 연결망 하나하나, 그리고 그 사이를 오가는 온갖 화학적 상호작용을 모두 살펴보았다. 또한 이렇듯 각기 다른 부분들이 어떻게 함께 어우러져 작용하는지에 대해서도 전부 정확하게 이해했다. 그의 거대한 컴퓨터 화면에는 당신의 뇌 회백질을 매우 상세하고 정밀하게 나타낸 디지털 모형이 띄워져 있다. 그런데 이 과학자는 자신이 당신의 뇌 구조 외에도 더 많은 것을 알고 있다고 주장한다. 실험실 밖에서는 한 번도 당신을 만난 적이 없음에도 당신의 뇌가 어떻게 생각을 만들어내고, 당신이 어떻게 의사 결정을 내리며, 어떻게 행동하는지 빠삭하게 꿰고 있다고 말한다. 당신의 기억부터 의구심, 공포, 증오, 근심, 슬픔, 신념에 이르기까지 마음속 모든 것을 뇌 구조를 연구한 것만으로 속속들이 파악했다고 말이다.

그의 주장이 정말 가능한 일일까? 이 과학자는 뇌도 신체의 다른 기관과 하등 차이가 없다는 입장을 고수한다. 심장이나 간이나 위장처럼 기계적인 기관이라는 것이다. 그는 "이 같은 기관들이 어떻게 기능하는지 전부 이해할 수 있는데 뇌라고 그러지 못하란 법이 있는가?"라고 말한다.

만약 이 과학자가 우리의 뇌에 관한 모든 사실을 안다면 우리가 매 순간 무슨 생각을 하는지도 알 수 있을까? 우리의 행동을 예측하는 것이 가능할까? 정말 우리의 마음을 전부 읽을 수 있을까? 우리의 관점을 통해 세상을 바라보는 것이 과연 어떤 느낌인지 이해할까? 내가 나 자신으로서 살아간다는 것이 어떤 느낌인지도 알게 될까? 그가 단지 뇌의 기계적인 작용 원리만을 연구하고도 이 모든 것을 이해한다면 그 말은 곧 우리가 기계라는 뜻일까?

이 문제를 고민하기에 앞서 우선 기계란 무엇인지를 정의해야 한다. 기계라는 단어는 다양한 곳에 쓰인다. 지레와 도르래도, 자동차와 오토바이도 다 기계라고 부른다. 컴퓨터와 로봇도 기계고 팝콘 기계와 토스터도 마찬가지다. 인간의 심장과 간도 역시 기계다. 기계는 어떠한 물질로도 이루어질 수 있다. 이 책에서는 기계를 물리적인 각각의 부분이 상호작용하여 형성하는 하나의 시스템으로서, 과제를 완수하기 위해 일정한 규칙에 따라 작동하는 것이라고 정의하도록 하자. 이를 적용해보면 지레는 막대기의 한쪽이 내려가면 반대쪽이 올라간다는 규칙에 따라 상호작용하는 각각의 부분(막대기와 받침)으로 구성된 하나의 시스템이므로 기계라고 할 수 있다. 지레가 수행하는 과제는 막대기의 한쪽을 들어 올리는 것이며('단순' 기계라는 명칭이 납득이 간다) 그 위에는 주로 어떤 물체가 놓인다. 앞으로 등장하는 문제들을 고찰할 때 이 기계의 정의를 꼭 염두에 두기 바란다.

자, 이제 이 과학자가 컴퓨터 화면에 띄워진 디지털 모형을 이용해 우리의 마음을 물리적으로 재창조한다고 상상해보자. 그는 우선 뉴런들의 기능을 똑같이 모방하는 실리콘 칩들을 개발한다. 그리고 특별히 제작된 복잡한 회로들을 사용해서 우리의 신경신호 경로들이 온전하게 기능할 수 있게끔 세심하게 신경망을 재구축한다. 그다음 이 과학자는 새로운 시스템이 우리의 뇌가 기능하는 것과 동일한 방식으로 작동할 수 있도록 각기 다른 부분들을 프로그래밍한다.

우리가 가진 모든 지식과 기억들 또한 프로그래밍해 넣어준다. 그렇게 나와 똑같은 구조와 기능을 가진 기계를 만든다면 그 기계가 나라고 말할 수 있을까?

그 기계가 우리의 뇌와 같은 방식으로 정보를 처리하고 물리적으로 같은 구조로 이루어져 있기는 하지만 그렇다고 우리처럼 생각한다고 할 수 있을까? 우리처럼 느낀다고 할 수 있을까? 그 기계가 과연 우리와 같은 방식으로 세상을 경험할까? 만약 그렇다면 그 기계 또한 의식을 갖추고 있다고 볼 수 있지만 그걸 어떻게 증명할 수 있을까? 의식을 갖추었는지 여부를 판별할 수 있는 방법이 있을까? 그 기계는 자신의 내적 감정과 어릴 적 이야기를 들려줄 수 있고, 그에 대한 후속 질문을 받는다면 질문자가 만족할 만한 대답까지 제공할 수 있다. 누가 때리면 울고, 모욕을 당하면 찡그리며, 칭찬을 들으면 방긋 웃을 수도 있다. 이러한 특성들을 의식이 있다는 증거라고 볼 수 있을까?

만약 이 과학자가 정말로 의식을 갖춘 기계를 만들어낼 수 있다면, 이는 곧 의식이 전적으로 기계적인 작용의 산물이라는 의미가 된다. 나아가 이는 우리 또한 기계임을 의미한다.

인간의 의식은 아마도 우리에게 남겨진 가장 큰 불가사의일 것이다. 뇌에 대해 많은 것을 알게 되었음에도 아직까지 어느 누구도 뇌가 어떻게 의식을 만들어내는지는 밝혀내지 못했다. 뇌가 없으면 의식도 없다는 데는 대부분 동의할 테지만, 뇌는 정확히 어떤 방법으로 우리를 의식이 있는 상태로 만드는 걸까? 사람들은 어떻게 저마다 정체성을 가질 수 있을까? 자기self•란 대체 무엇일까? 자유의지는 어디에서 비롯되는 걸까? 우리 안에는 대체 무엇이 있기에 저녁 메뉴를 결정하고 고통과 사랑을 느끼며 세상을 단일한 관점으로 바라볼 수 있는 걸까?

어떤 사람은 이 모든 물음에 대한 답이 전적으로 기계적인 과정에 있다고 말한다. 인간의 마음이 그저 컴퓨터처럼 신호와 반응으로 이루어진 시스템이며 소화나 광합성 같은 과정과 아무런 차이가 없다고 말이다. 이 말이 사실이라면 앞서 이야기한 과학자는 의식을 만들어내는 주체인 뇌의 구조를 연구하는 것만으로 우리의 의식에 관한 모든 것을 알 수 있을 것이다. 즉 우리가 기계와 같다는 의미다.

또 다른 측은 의식이 물리적인 세계와는 구별되는 무언가여서 그 과학자가 제 아무리 우리의 뇌를 잘 안다고 한들

• 자신에 대한 표상을 뜻한다. 심리학에서는 프로이트의 에고를 의미하는 자아(ego)와 자기(self)를 구분해서 사용한다.

우리가 무슨 생각을 하는지는 결코 알 수 없다고 믿는다. 마음은 물리적인 과정과 근본적으로 다르며 절대 단순한 기계적 기능이 아니라고 말이다. 한편 어떤 이들은 인간의 의식이 대체로 과학 연구로는 닿을 수 없는 영역이라고 여긴다. 어쨌든 오랜 시간 연구가 이어졌지만 지금까지는 아무도 의식이 어떻게 만들어지는지 알아내지 못했다.

그러나 최근 들어 기술이 비약적으로 발전하고 많은 과학적 발견이 이루어지면서 의식을 둘러싼 해묵은 문제도 새로운 국면을 맞았다. 컴퓨터의 성능은 날이 갈수록 향상되고 있으며, 다양한 신경 장애 연구는 뇌 시스템 작용 기제의 일부를 어렴풋이 밝혀내고 있다. 인공지능 연구실의 로봇들은 계속해서 인상적인 일들을 해내고 있다. 혁신적인 철학 이론들도 꾸준히 나온다. 의식에 관한 연구는 어느덧 철학, 심리학, 인지과학, 신경과학, 컴퓨터과학, 공학의 공통 주제가 되었다. 이 분야의 전문가들은 이제 의식을 갖춘 기계를 만들 수 있는지, 그 같은 업적이 미래의 인류에게 시사하는 바는 무엇인지 같은 문제와 씨름하고 있다.

과학자는 뇌 구조를 연구함으로써 마음속을 꿰뚫어볼 수 있을까? 의식을 갖춘 기계를 만들어낼 수 있을까? 애초에 의식이라는 것은 대체 무엇일까? 이어지는 장들에서는 인간의 의식을 둘러싼 논쟁에서 활약한 주요 인물들의 생각을 살펴보며 다음의 문제에 대한 답을 고민해보자. 우리는 기계인가?

더 읽어보기

이 책은 의식 그 자체에만 집중하기보다 의식이 '우리는 기계인가'라는 문제와 어떻게 연관되어 있는지를 중점적으로 다룬다. 의식에 대한 철학적 해석을 보다 깊이 살펴볼 마음이 든다면 존 설의 《마음의 재발견The Rediscovery of the Mind》를 읽어보도록 하자. 심리학적인 관점은 조지프 라이클락Joseph Rychlak의 《인간의 의식, 그 중요성에 대하여In Defense of Human Consciousness》를 참고하면 좋을 것이다. 의식의 생물학적 측면이 알고 싶다면 J. 앨런 홉슨J. Allan Hobson의 《의식Consciousness》과 애덤 지먼Adam Zeman의 《의식: 사용 지침서Consciousness: A User's Guide》가 도움이 될 것이다. 대학의 개론 교재로 쓸 수 있도록 의식에 대한 여러 관점을 잘 정리한 책으로는 수전 블랙모어Susan Blackmore의 《의식: 입문서Consciousness: An Introduction》가 있다. 여기 소개되는 책과 논문, 그리고 그 외의 추가적인 읽을거리들의 출판 정보는 책의 뒷부분에 수록된 참고문헌을 참조하자. 자, 이제 다음 장으로 넘겨 우리가 과연 기계인지에 관한 문제를 본격적으로 탐구해보자.

2

불가사의한 힘

런던에 아침이 밝았다. 셜록 홈스는 자신의 집 베이커 가 221B번지에서 눈을 떴다. 몇 분 전만 해도 그는 주변 상황을 전혀 인식하지 못한 채 잠에 빠져 있었다. 그리고 이제 잠에서 깨어나 다시 주변을 인식할 수 있게 되었다. 다시 말해 의식이 있는 상태인 것이다.

그리고 왓슨이 홈스를 찾아왔다. 홈스는 아침 식탁에 앉아 깊은 생각에 잠긴 듯했다. 왓슨이 그를 보며 말했다.

"좋은 아침일세, 홈스."

자기만의 생각에 몰두하던 홈스는 왓슨에게 주의를 기울이지 않았다. 즉 왓슨이 그곳에 와 있으며 자신에게 말을 건다는 사실을 의식하지 못했다고 할 수 있다. 왓슨이 홈스의 어깨를 툭 치며 다시 인사를 건넸다. 그제서야 홈스는 왓슨의 목소리를 들었다. "아, 자네 왔는가. 좋은 아침이네. 어쩐 일로 여기까지 행차했는가?"

"유감스럽지만 문제가 하나 있네."

"무슨 문제인가?"

"그게 말이지, 내가 아버지에게 물려받아 수년간 지니고 있던 아주 귀중한 골동품이 하나 있다네. 상태가 매우 좋은 순금 덩어리지. 그런데 내가 그걸 어제 오후에 그만 잃어버리고 말았다네."

"어쩌다 그랬는가?"

"실은 아주 귀신이 곡할 노릇이라네. 금덩어리를 금고에 넣어두기 위해 은행에 가는 길에 공원을 지나다가 잠깐 산책이나 할까 하는 마음이 들어서 말이지. 근처에 벤치가 있기에 거기 앉았다네. 그리고 금덩어리를 찬찬히 감상하려고 원래 들어 있던 갈색 케이스에서 꺼냈지. 햇살 아래 금빛이 어찌나 황홀하게 반짝이던지 하마터면 휴대폰이 울리는 소리도 듣지 못할 뻔했다네. 나는 깜짝 놀라서 금덩이를 다시 케이스에 넣고 벤치 위에 올려두었네. 그러고는 주머니에서 휴대폰을 꺼내 전화를 받았지. 수신 상태가 좋지 않아서 벤치에서 일어나 3미터쯤 걸었다네. 공원에는 분명 아무도 없었고. 그런데 겨우 1분여 동안의 통화를 마치고 자리로 돌아오니 금덩이가 감쪽같이 사라졌더란 말이네."

"흠…, 흥미롭군." 홈스가 말했다. "주변에 훔쳐갈 만한 인물이 한 명도 없었던 게 확실한가?"

"틀림없네. 공원에는 아무도 없었어. 누군가 가까이 다가오거나 도주했다면 분명히 눈에 띄었을 거야. 어떻게 생각하나, 홈스?"

"왓슨, 자네가 앉았던 곳의 풍경을 떠올려볼 수 있나?"

"당연하지, 홈스. 지금도 눈에 선하다네."

"이 종이에 자네가 기억하는 풍경을 한번 그려보게."

왓슨이 주머니에서 펜을 꺼내 그림을 그리기 시작했다. 그는 잔디밭에 자라난 참나무 한 그루와 그 옆에 있는 문제의 벤치를 그려 홈스에게 건넸다.

"친애하는 왓슨, 자네가 잃어버린 금덩이의 위치를 알았네."

"그게 어디인가?"

홈스가 종이에 'X'자를 그렸다. "바로 여기라네. 벤치와 나무 사이, 흙 속으로 7센티미터쯤 아래."

"어떻게 알았는가?"

"간단하다네, 왓슨. 자네의 소중한 금덩이를 사라지게 한 것은 사람이 아니라 다람쥐네. 이 조그만 녀석이 둥그런

갈색 케이스에 들어 있던 금을 견과류로 착각하고 벤치에서 낚아채다가 나무에서 조금 떨어진 곳에 묻은 거야. 자, 이 삽을 받게. 아버지께서 남기신 가보를 되찾아야지."

왓슨은 눈가에 눈물이 그렁그렁 맺힌 채 홈스에게 감사를 전하고 떠났다.

의식이란 우리가 기계인가 아닌가를 논할 때 핵심이 되는 개념이다. 하지만 이를 정의하기는 매우 까다롭다. 앞의 이야기에서 홈스와 왓슨은 우리가 흔히 의식이 있다고 말하는 상태와 그렇지 않다고 말하는 상태를 모두 보여준다.

의식이라는 단어는 일상 속에서 여러 의미로 쓰인다. 홈스가 잠에서 깨어났을 때, 그가 잠들지 않은 상태라는 뜻에서 우리는 그가 의식이 있다고 말한다. 그가 왓슨에게 주의를 기울이지 않고 있을 때, 우리는 그가 왓슨이 그곳에 존재하며 그에게 말을 걸고 있다는 사실을 '의식'하지 못한다고 말한다. 이 두 가지가 의식이라는 단어의 가장 흔한 용법이다. 그리고 세 번째 용법이 있다. 가령 홈스가 권투 시합을 하다가 상대에게 맞고 쓰러져 의식을 잃을 수 있다. 큰 부상을 입는 경우 상당히 오랜 시간 무의식 상태가 이어질지도 모른다. 혼수상태에 빠질 수 있는 것이다. 치료를 받은 뒤 혼수상태에서 깨어나 정신이 돌아오면 다시금 의식을 찾게 된다. 보통 때의 셜록 홈스라면 맑은 정신으로 깨어 있고, 상대에게 주의를 기울이며, 혼수상태에 빠져 있지 않을 것이다. 그러나 이것만 가지고 홈스가 의식이 있다고 말하지는 않는다. 홈스와 왓슨은 대화를 나누는 과정에서 그들이 의식이 있다는 여러 가지 다른 증거를 보여준다.

그들의 대화는 의식의 주요한 특징 한 가지를 잘 보여준다. 바로 언어와 이해 능력이다. 홈스와 왓슨은 그냥 단순히 입을 놀리거나 소리를 듣는 것이 아니라 자신들이 말하고 듣는 단어에 의미를 부여한다. 왓슨은 자신이 벤치에 앉아 있을 때 햇살 속에서 빛나는 금덩어리를 감상했다고 말한다. 이때 왓슨은 그저 반짝이는 색깔을 감지했을 뿐만 아니라, 그 아름다운 광채에 감탄하고 기쁨을 느꼈다. 환한 금빛을 바라보는 행위를 둘러싸고 의식적인 경험을 한 것이다. 이것이 의식의 또 다른 면이다. 즉 의식이 있다는 것은 자신만의 관점을 가지고 정신적으로 실존하며, 사적인 내적경험을 할 수 있음을 말한다. 상상하는 힘 또한 같은 맥락으로 볼 수 있다. 왓슨이 나무 옆에 벤치가 놓인 풍경을 상상한 것처럼 말이다.

홈스가 왓슨의 이야기를 듣고 금덩이가 어디로 사라졌는지 알아내는 장면에서는 인간이 가진 추론 능력이 잘 드러난다. 그는 자신에게 주어진 단서들을 분석하고 무슨 일이 벌어졌는가를 설명해낸다. 여기에서 의식의 또 다른 두 가지 특성이 드러난다. 바로 자기와 자유의지free will다. 자기란 생각하고(혹은 그런 것처럼 보이고) 의사 결정을 내리는 주체로서, 명확한 의사를 가지고 있다. 이는 곧 자신의 정체성이며, '나'라고 말할 때 지칭하는 대상이다. 자유의지란 자신의 생각과 신체의 움직임을 통제할 수 있는 능력이다.

마지막으로 정서를 경험하는 능력 또한 의식의 중요한 부분이다. 왓슨이 아버지의 금덩이가 어디에 있는지 알게 되었을 때 느낀 것은 눈에 맺힌 눈물 그 이상의 감정이다. 왓슨은 내면에서 안도와 기쁨, 그리고 어쩌면 자신을 도와준 홈스를 향한 애정이라는 사적 경험을 했을 것이다. 다시 말해 홈스와 왓슨은 언어, 이해, 경험, 관점, 상상, 사고, 자기, 의사, 자유의지, 정서까지. 이 모든 것의 힘을 둘 사이의 짧은 대화 장면 하나를 통해 전부 보여준 셈이다. 이러한 능력들이 모두 더해져 곧 의식의 불가사의한 힘을 이룬다.

더 읽어보기

의식의 다양한 측면에 관한 논의는 철학자 존 설의 논문 '의식 Consciousness'을 참고하자. 온라인에 널리 퍼져 있으므로 쉽게 찾을 수 있다. 콜린 맥긴Collin McGinn이 쓴 《신비로운 불꽃The Mysterious Flame》도 흥미로운 책이다. 또 버나드 바스Bernard Baars가 쓴 《의식의 극장 안에서In the Theater of Consciousness:》도 읽어볼 만하다.

3

기계 속의 유령

농구부의 입단 테스트일이 다가오고, 나는 농구부에 들어갈지 말지 고민 중이다. 운동부에 들어가면 시간을 많이 뺏기지만 농구 자체는 재미있다. 내가 경기하는 모습이 눈앞에 그려진다. 포인트 가드가 공을 받는다. 이마에 땀방울이 맺힌 그는 공을 가지고 한껏 웅크린 채 먹잇감을 찾는 고양이처럼 코트를 빠르게 훑는다. 그가 돌연 페이크 동작으로 왼발을 내밀었다가 오른발에 체중을 싣는다. 두 번의 드리블로 수비수를 제치고 골대로 향한다. 나를 전담하던 수비수가 드리블하며 달려오는 그를 막기 위해 이동하여 나와 간격이 벌어진다. 나는 패스하라고 외친다. 포인트 가드가 나를 보고는 등 뒤로 공을 날려 내 앞으로 곧장 보내준다. 나는 공을 잡는다. 내 손 안에 공이 단단하게 느껴진다. 세 걸음

만에 곧장 베이스라인•을 타고 질주해 깔끔한 레이업 슛으로 점수를 낸다.

아니, 이 장면은 엉터리다. 실제 벌어질 장면은 이렇지 않다. 포인트 가드가 공을 받아 잽싸게 수비수를 제치는 모습이 보인다. 그가 골대를 향해 드리블한다. 수비수 한 명이 달려와 그 앞을 막아선다. 그가 같은 팀 선수를 보고는 등 뒤로 공을 날린다. 그러자 그 선수가 솜씨 좋게 레이업 슛을 성공한다. 나는 이 장면 안에 있지만 코트 위는 아니다. 경기 시작부터 줄곧 머무르던 벤치에서 다른 선수들의 경기를 구경한다. 이쪽이 앞의 장면보다 훨씬 현실적이다. 어쩌면 농구부에 들어가는 것은 그다지 좋은 생각이 아닐지도 모른다.

의식적인 마음은 특별하다. 현실 세계를 지배하는 법칙들이 마치 하나도 존재하지 않는 것처럼 느껴진다는 점에서 다른 모든 자연현상과 완전히 다르다. 물리법칙도, 가능성의 한계도 없다. 현실에서는 고작 30센티밖에 뛰지 못할지라도 마음속에서는 농구 골대를 훌쩍 넘어 공중에서 몇 바퀴를 돌고, 발로 덩크슛도 할 수 있다. 내 마음속에서는 내가 통제

• 농구 코트에서 골대가 자리한 쪽의 가장자리 선.

권을 쥐고 있다. 상상 속에서 펼쳐지는 일들을 마음대로 휘두를 엄청난 힘을 지니고 있다는 말이다. 상상 속 농구 경기를 즐거운 경험에서 비참한 경험으로 바꾸는 일도 순식간에 가능하다. 상상에는 한계가 없다.

의식은 어디까지나 사적 영역이므로 마음속에서 무슨 일이 벌어지는지는 아무도 알 수가 없다. 과학조차도 이건 어쩔 도리가 없다. 내가 말하지 않는 한 과학자는 내가 농구 경기에 대해 생각한다는 사실을 모른다. 과학은 소화계가 작용하는 기제나 물이 얼음으로 변하는 원리처럼 물리적 세계의 것들이 어떻게 기능하는지를 설명한다. 과학에는 계산하고 가설을 세우기 위한 관찰할 수 있는 데이터가 반드시 필요하다. 그런 측면에서 현대 과학은 의식을 설명하지 못한다. 의식은 정말이지 불가사의한 현상이다.

철학자 데이비드 차머스David Chalmers는 이런 글을 남겼다. "의식은 마음의 과학에서 가장 이해하기 힘든 문제다. 의식적 경험만큼 잘 아는 것이 없는데도, 이보다 더 설명하기 힘든 것이 없다." 마음과 몸 사이를 이어주는 것은 무엇일까? 뇌는 대체 어떻게 의식을 만들어내는 걸까?

차머스는 이를 의식의 '어려운 문제'라고 부르며 '쉬운 문제'와 구분 지었다. 그가 말한 쉬운 문제로는 우리가 어떻게 정보를 얻고 주의를 집중하는지, 깨어 있는 상태와 잠든 상태는 어떤 차이가 있는지 설명하는 것 등이 있다. 이러한 문제들은 과학적인 연구를 통해 해결할 수 있다. 하지만 마음과 뇌에 관한 문제는 여전히 불가사의로 남아 있다.

마음과 몸의 관계라는 문제는 역사가 길다. 지난 수백 년 동안 철학자들은 둘 사이의 관계에 대한 다양한 가능성을 제기했고, 현대에 이루어지는 논의 대부분이 이들이 오래전에 내린 결론에서 비롯되었다. 지금은 추세가 달라졌지만 본래 마음과 몸의 관계라는 해묵은 문제에서 전통적으로 받아들여지던 견해는 물질계와 정신계라는 두 개의 세계가 존재한다는 이원론이다.

17세기 수학자이자 철학자 르네 데카르트René Decartes는 인간은 육체가 없어도 사고가 가능하므로 마음이란 비물질적인 것이라고 결론지었다. 마음은 물질적인 것들과 달리 공간을 차지하지 않으며 물질을 지배하는 그 어떤 법칙도 따르지 않는다. 우리는 타인의 마음속에서 일어나는 일들에 접근할 수 없다. 그저 그 사람의 행동을 바탕으로 그가 무슨 생각을 하는지 그럴 듯하게 추측할 따름이다. 이에 데카르트는 의식은 어떤 식으로든 물질계와 구분되어 있는 것이 틀림없다고 판단했다. 그의 이론에 따르면 인간은 신체에서 벌어지는 일들로 구성된 세계와 마음속에서 벌어지는 일들로 구성된 세계를 동시에 살아간다. 여기서 첫 번째가 물질계, 두 번째가 정신계다. 정신계에서 나는 마음껏 멋진 농구 경기를 펼칠 수 있다. 하지만 농구 경기를 상상한 뒤 농구부에 들지 않기로 결정했으므로, 마음속 농구 경기가 실제로 선택에 영향을 미쳤다고 볼 수 있다. 이로 미루어 마음이 신체를 장악하여 물질계에 영향을 줄 수 있다는 사실을 알 수 있다. 여기까지가 이원론의 기본적인 개념이다.

이원론을 설명할 때는 종종 마음을 극장에 빗대곤 한다. 일반적으로 사람들은 눈을 통해 세상을 바라보고 귀를 통해 소리를 듣는 마음이 자신의 머릿속 어딘가에 있다고 여긴다. 이것이 마음을 일종의 극장으로 보는 관점의 기본 바탕으로, 수백 년 전부터 이어진 대표적인 이원론적 개념이다. 말하자면 이런 식이다.

우리 머릿속에 무대가 하나 있다고 가정해보자. 우리가 보는 이미지, 듣는 소리, 그리고 다른 모든 감각까지 모두 이 무대 위에 있다. 무대의 스포트라이트는 우리가 어디에 주의를 기울이고 있는지를 나타낸다. 빛이 비추는 영역 내에 있는 것은 우리가 그 시점에서 가장 잘 인식하고 있는 대상이다. 스포트라이트 밖에 있는 것들은 존재 자체는 인식하고 있지만 의식적으로 주의를 기울이고 있지는 않다. 가령 당신이 1미터 정도 거리에서 친구의 얼굴을 보고 있다고 상상해보자. 거리상 친구의 몸 전체가 시야에 들어올 수는 있지만 뺨, 입술, 눈이 당신의 스포트라이트 영역에 들어와 있으므로 당신이 가장 집중적으로 주의를 기울이는 곳도 이 부분이다. 그 덕분에 당신은 친구의 눈이 초록빛이며 오늘 화장을 했음을 알 수 있다. 친구의 눈동자가 살짝 움직이는 것을 감지할 수 있고, 찡그리거나 웃거나 입술을 떠는 등의 표정 변화도 이해할 수 있다. 하지만 이때 친구의 다리는 스포트라이트 밖에 있다. 물론 당신은 친구가 대화를 나누는 동안 두 다리로 서 있으며 신발을 신고 있다는 사실을 알고 있으며, 어쩌면 친구의 반짝이는 검은색 뾰족구두가 기억에 남았을 수도 있다. 단지 이런 세부적인 사항이 틀림없는지 확인하기 위해서는 당신의 스포트라이트(주의)를 친구의 얼굴에서 다리로 옮겨야 한다.

무대 뒤는 의사 결정을 내릴 때 참고할 수 있는 공간으로 지난 작품의 소도구와 남은 잡동사니들이 쌓여 있는 곳이다. 살면서 습득한 기억, 경험, 지식이 여기에 해당된다. 그럼 이 비유에서 당신은 무엇일까? 당신은 바로 감독이다. 당신은 무대에서 벌어지는 상황을 지켜보고 스포트라이트를 조정해 관심을 기울일 영역을 지정한다. 과거의 무대를 참고하여 여러 가지 판단을 내린다. 그러니까 감독은 자기, 다른 말로 의식을 상징한다.

철학자들은 보통 이 감독을 '작은 인간'이라는 의미로 호문쿨루스homunculus라고 부른다. 호문쿨루스를 나타낸 그림들은 대부분 머릿속에서 버튼과 레버를 이용해 신체를 제어하는 장면을 묘사하곤 한다. 호문쿨루스는 앞서 말한 감독과 마찬가지로 자기를 상징한다. 영혼이나 정신이라는 단어를 선호하는 사람도 있지만 어쨌든 의미하는 바는 같다. 이 모든 용어가 가리키는 대상은 결국 하나, 우리의 의식이다.

이렇듯 이원론적으로 마음을 표상하는 방식은 아주 오래전부터 이어져왔으며 우리가 쓰는 말에도 녹아들었다. 이를테면 '나'라는 대명사가 가리키는 대상이 뭘까? 바로 의식의 주체인 자기다. 〈바이센테니얼 맨〉이라는 영화에서 로빈 윌리엄스Robin Williams는 자의식을 가지고 싶어 하는 로봇을 연기한다. 이 로봇은 의식이 없는 존재이므로 자신을 칭할 때 '나'라는 1인칭 대명사 대신 '그'라는 3인칭 대명사를 사용한다. 소유주 가족의 집안일을 도와주고 그들에게 고맙다는 말을 들을 때면 로봇은 "그는 도움이 되어 기쁩니다"라고 말한다. 인간과 유사한 모습을 하고 있지만 '나'라고 칭할 만한 인간적인 의식이 결여되어 있는 것이다.

인간이라는 존재를 결정하는 것이 그를 이루는 신체가 아닌 내면의 의식이라는 생각은 우리의 언어 곳곳에서 발견된다. 그중 하나가 죽음이라는 개념이다. 누군가가 죽으면 우리는 그 사람이 '떠났다'거나 '돌아가셨다'고 표현한다. 망자의 육체는 여전히 눈앞에 있으므로 이러한 말이 가리키는 대상은 망자의 의식적 주체인 자기, 즉 영혼이다.

마음 극장 외에도 이원론적 관점에서 마음과 몸의 관계를 나타낸 비유법이 몇 가지가 더 있다. 가령 육체는 자동차이며 우리는 자동차 운전석에 앉아 있는 것이라는 비유가 있다. 같은 맥락에서 마음이란 배를 조종하는 선장과 같다고 보기도 한다. 극장의 감독과 마찬가지로 운전자나 조종사는 일종의 호문쿨루스다. 어떻게 표현하든 결국 핵심은 같다. 우리 내부에 육체를 조종하는 의식이라는 별개의 존재가 있다는 것이다.

하지만 이걸 어떻게 알 수 있을까? 자신이 의식이 있다는 사실을 어떻게 알 수 있는 걸까? 그 대답으로 흔히 데카르트가 남긴 명언이 인용되곤 한다. "나는 생각한다. 고로 나는 존재한다." 데카르트는 자신이 의식이 있다고 생각하는 것 자체가 의식이 있다는 증거라고 여겼다. 생각이 없다면 자신이 의식이 있다는 생각도 할 수 없을 테니까. 그의 머릿속에 생각이 있으므로 그는 의식이 있음에 틀림없다.

이런 형태의 논증은 처음에는 조금 이상해 보일 수 있다. 그렇지만 일반적인 과학 연구 방법만으로는 마음에 관한 문제에서 결론을 내릴 수 없기 때문에 뭔가 새로운 증명법을 써야 하는데, 그것이 바로 심적인 증명법이다. 일부 이원론자들은 마음을 과학적으로 연구하는 것이 불가능한 일이라고 주장한다. 의식은 근본적으로 다른 차원의 것이어서 자신을 들여다보고, 문헌을 조사하고, 시를 읽고, 철학을 공부하는 방식으로만 이해할 수 있다고 말이다. 그리고 이런 이유로 인간성은 과학과 별개의 영역으로 다루어야 한다고 말한다. 하지만 또 다른 측의 이원론자들은 언젠가 의식의 비물리적인 성질을 연구할 수 있는 새로운 형태의 과학 연구 방법이 개발되어 마음을 과학적으로 연구할 수 있는 날이 오리라는 희망을 놓지 않는다. 현대의 생물학은 세포와 조직, 단백질, 화합물과 같이 물리적인 것들 사이의 상호작용만을 다룬다. 어쩌면 미래에는 사고의 구조나 의식의 법칙 등을 연구할 수 있는 새로운 과학이 등장할지도 모른다. 하지만 그렇게 되기까지는 아직 요원해 보인다.

일각에서는 마음과 육체를 각각의 존재로 인정하는 데

서 한걸음 더 나아가 둘을 완전히 분리된 우주로 바라보는 극단적 이원론hyperdualism을 내세운다. 이들의 주장대로 물리적 우주가 생겨날 때 정신적 우주라는 또 다른 우주가 함께 만들어졌다고 상상해보자. 정신적 우주에는 물질 대신 의식만이 둥둥 떠다녔다. 그것은 구체적인 마음의 형태로 조직화된 것이 아니라 이리저리 흐트러진 의식의 바다에 가까웠다. 그로부터 수많은 시간이 흐르는 동안 물리적 우주와 정신적 우주는 서로 아무런 영향을 주지 않으며 별개의 우주로 존재했다. 지구에 원시 생물체가 등장할 무렵에도 두 우주는 분리되어 있었다. 그러다 뇌가 진화하면서 상황이 바뀌었다. 뇌의 발달로 물리적 우주와 정신적 우주를 잇는 연결 고리가 생겨났고 의식을 갖춘 생명체가 나타났다. 오늘날에도 이 두 개의 우주는 존재하며, 그 덕에 우리는 육체적인 동시에 정신적으로 존재할 수 있다.

현대의 철학자 대부분은 이 같은 극단적 이원론이 지나친 의견이라고 생각한다. 통상적인 이원론적 시각에서는 의식이 비물질적이기는 하지만 같은 지구상에 존재한다고 본다. 물질계와 동떨어져 있지만 육체를 조종함으로써 상호작용이 가능하다고 말이다.

만약 이원론이 옳다면 '우리는 기계인가'라는 질문에

대한 답은 '아니오'가 될 것이다. 우리 내부에 육체를 조종하는 비물질적인 자기라는 존재가 있다면 인간은 결코 단순한 기계라고 볼 수 없다. 내 몸은 농구를 할 수 있지만, 그러기 위해서는 마음이 몸을 그렇게 움직여야 한다. 몸은 기계일지 몰라도 그 안의 운전자는 아니다.

모든 사람이 이원론에 수긍하지는 않는다. 요즘은 점점 더 많은 사람이 이원론보다는 여러 다른 이론을 선호한다. 철학자 길버트 라일Gilbert Ryle도 이 같은 '기계 속의 유령' 이론이 틀렸다고 주장한다. 기계 속의 유령 또한 자동차의 운전자, 배의 선장, 극장의 감독과 유사한 비유법 중 하나다. 라일은 사람들 안에 그들의 움직임을 제어하는 또 다른 존재가 있다는 생각이 완전히 터무니없다고 말한다. 한 사람에게 두 가지 별개의 삶이 있다는 것도 마찬가지다. 그는 마음과 몸이 전체의 한 부분에 지나지 않으며 둘 사이를 명확히 구분하려는 것 자체가 오류라고 주장한다.

태어나서 처음으로 야구 경기를 보는 사람이 각 선수들의 포지션을 익히고 있다고 상상해보자. 그는 타자, 외야수, 투수, 포수 그리고 심판의 역할에 관한 설명을 듣더니 이렇게 묻는다. "이 선수들이 뭘 하는지는 알겠는데, 그럼 팀의 협동심은 누구의 역할이죠?" 그는 협동심이 어떤 특정한 한 명의 활동이 아니라는 사실을 이해하지 못한 것이다. 협동심은 야구팀이 효과적으로 굴러가는 데 필요한 하나의 관념이다. 이와 마찬가지로 의식도 별개의 기능이 아니다. 그저 인간이 정상적으로 기능하는 것과 관련된 관념이다.

또 다른 예를 들어보자. 야구 경기가 끝나고 아까 그 사람이 이번에는 대학교를 한 번도 본 적이 없다며 구경을 시켜달라고 한다. 가이드가 그에게 도서관을 보여주고, 각 단과대학 건물을 소개하고, 기숙사와 대학 본부가 어디인지 알려준다. 학생회관에 데려가고, 체육관과 운동장을 구경시켜준다. 그러자 이 사람은 혼란에 휩싸였다. "도서관이며 강의실, 체육관 등은 구경했는데, 그래서 어떤 건물이 대학교라는 말인가요?" 그는 앞에서와 같은 오류를 범하고 있다. 교내의 모든 건물이 모여 대학교라는 전체를 구성하는데, 그는 대학교가 각 건물과 별도로 존재하는 하나의 독립된 건물이라고 생각한 것이다. 다시 말해 대학교는 개별적인 건물이 아니라 전체를 아우르는 관념이다.

앞의 두 이야기에서 이 사람은 협동심과 대학교라는 단어의 의미를 잘못 이해하고 있다. 라일은 이원론자들도 이와 동일한 실수를 하고 있다고 말한다. 실제로는 의식도 뇌의 역학을 묘사하기 위해 사용되는 하나의 관념에 불과한

데 이원론자들이 이를 육체와 분리된 별개의 힘이라고 여긴다고 말이다. 라일의 주장에 따르면 의식은 어떤 비물질적인 힘을 가리키는 것이 아니라 그저 뇌가 작용하는 방식을 묘사하는 단어일 뿐이다. 라일 및 그와 유사한 입장을 취하는 학자들이 생각하기에 이원론은 얼토당토않은 공상인 셈이다.

일각에서는 이원론이 비현실적이라고 비판한다. 이원론자들은 대부분 마음과 몸이 분리되어 있으므로 둘이 독자적으로 존재할 수 있다고 믿는다. 이를테면 사람이 죽어 유령이 기계를 떠나도 망자의 의식이 여전히 존재한다는 것이다. 이는 곧 우리 주변에도 육체에서 분리된 마음 혹은 정신이 둥둥 떠다니고 있음을 뜻한다. 이에 이원론자들은 유령의 존재를 믿는다는 비판을 받는다.

어떤 사람들은 이원론적 관점이 완전히 무의미하다고 지적한다. 앞서 마음을 극장으로 바라보는 관점에서는 감독이 마치 무대 위에 있는 것처럼 세상을 지각하고 육체를 어떻게 움직일지 판단한다고 본다. 자동차에 탄 운전자나 배를 조종하는 선장에 빗댄 비유법도 전부 같은 맥락으로, 인간의 의식에 해당하는 호문쿨루스가 신체의 감각을 해석하고 의사 결정을 내린다는 개념을 묘사한 것이다. 하지만 여기에는 한 가지 중요한 내용이 빠져 있다. 과연 호문쿨루스는 어떻게 의식이 있는 걸까? 호문쿨루스 안에 또 다른 호문쿨루스가 있고, 그 안에 또 다른 호문쿨루스가 있는 식인 걸까?

이 같은 논증은 스스로 생각한다는 것만으로 자신이 의식을 갖추었음을 충분히 증명할 수 있다고 믿었던 데카르트의 관점에도 적용할 수 있다. "나는 생각한다. 고로 나는 존재한다"라는 말은 곧 "나는 내면에 의식이 존재함을 느낀다. 고로 나는 의식이 있다"와 같다. 하지만 그렇다면 그 내면의 의식은 어떻게 의식이 있다는 걸까? 이런 측면에서 데카르트는 아무런 해답도 내놓지 못한 채 설명을 피했다는 비판을 받는다. 어떻게 자신에게 의식이 있을 수 있는지 설명하는 대신 내면에 의식이 있다는 사실을 느끼고 있다고 말하는 데 그친 것이다. 그의 주장은 결국 호문쿨루스 안의 호문쿨루스가 무한히 이어진다는 문제를 낳으므로 별로 좋은 답이 아니다. 불가사의는 아직 풀리지 않았다.

어떤 철학자들은 이 불가사의가 영원히 풀리지 않을 거라는 입장을 고수한다. 우리의 마음은 스스로 어떻게 작용하는지를 알아차릴 능력이 없다면서 말이다. 어쩌면 이런 유의 문제를 풀기에는 아직 진화가 덜 되었는지도 모른다. 동물은 저마다 타고난 이해력에 한계가 있다. 아인슈타인의 상대성이론을 이해하는 개를 주변에서 흔히 볼 수는 없지 않은가. 각각 동물의 마음은 이처럼 저마다 어떤 수준의 개념에 다다를 수 없도록 한정되어 있다. 우리의 마음에도 당연히 이렇듯 넘을 수 없는 한계가 존재할 것이며, 의식을 이해하는 일은 그 너머에 있는 것인지도 모른다.

한편 마음과 몸의 관계를 또 다른 관점으로 바라보는 철학자들도 있다. 이를테면 관념론은 세상에 존재하는 모든 것이 의식의 산물이라는 주장을 펼친다. 관념론에 의하면 우리가 보고, 듣고, 느끼는 모든 것이 정신계에서 창조된 것이며, 물질계에서는 이에 해당하는 사건이 있을 수도 있고 없을 수도 있다. 다만 이를 믿는 철학자는 소수이며, 이 책에서는 더는 다루지 않는다.

이원론에 가장 직접적으로 도전한 이론은 유물론이다. 앞서 이원론을 비판했던 라일의 주장도 유물론적 관점에서 나온 것이다. 유물론자들은 의식을 전적으로 뇌의 역학이라는 물리적인 현상으로 설명할 수 있다고 주장한다. 그것이 그토록 오랜 시간 풀리지 않은 불가사의라는 사실은 중요하지 않다. 수백 년 전만 해도 유전형질이 어떻게 대를 이어 전달되는지 알아내기란 불가능하다고 여겨졌다. 하지만 DNA

가 발견되고 이 불가사의는 풀렸다. 이처럼 언젠가 의식의 비밀을 풀 새로운 발견이 짠하고 등장할지도 모를 일이다.

지금도 이원론의 입지가 굳건하다는 데 주목해보자. 잇달아 제기된 이원론에 반하는 논증들도 마음과 몸의 관계에 관한 문제를 풀 유력한 접근 방식으로서 이원론이 차지하던 입지를 허물지는 못했다. 유물론이 이원론의 강력한 적수가 되기는 했지만 대세를 뒤집지는 못했다.

그래도 과학과 기술의 혁신이 이어진 덕에 최근에는 고전적인 이원론보다 유물론적 관점을 받아들이는 사람들이 많아졌다. 이렇게 새로운 발견이 계속되는데, 의식이라고 물리적으로 설명할 방법을 찾지 못할 이유가 있을까? 유물론자들은 우리가 농구 경기 장면을 마음속에 그릴 수 있다는 사실이 의식과 몸이 분리되어 있음을 뜻하지는 않는다고 말한다. 어떤 식으로든 우리의 뇌는 의식을 만들어내고 있고, 과학이 발전하다 보면 지금껏 우리가 신체의 다른 활동을 이해했듯 언젠가 뇌가 의식을 만드는 과정도 이해할 수 있게 될 것이다.

더 읽어보기

의식의 '어려운' 문제와 '쉬운' 문제를 비교하는 것은 데이비드 차머스의 《의식적인 마음The Conscious Mind》에서 차용했다. 장 도입부에 인용한 그의 말은 〈의식 연구 학회지Journal of Consciousness Studies〉 200~219쪽에 수록된 그의 글 '의식 문제를 직시하다'의 서론에서 인용했다. 마음 극장 개념을 조금 더 깊이 알고 싶다면 버나드 바스의 《의식의 극장 안에서》를 읽어보자. 호문쿨루스에 관한 설명은 참고할 만한 책이 여럿 있는데, 조셉 라이클락이 쓴 《인간의 의식, 그 중요성에 대하여In Defense of Human Consciousness》와 존 설이 쓴 《마음의 재발견》도 그중 일부다. 극단적 이원론 개념은 콜린 맥긴이 쓴 《신비로운 불꽃》에 소개되어 있다. 맥긴은 인간의 인지 능력이 제한되어 있어 영원히 의식의 비밀을 풀 수 없을 것이라는 주장에 의문을 제기한 철학자다. 데카르트의 이원론을 이해하기 쉽게 정리하고 그에 대한 자신의 비판까지 제시한 길버트 라일의 글은 그의 저서 《마음의 개념The Concept of Mind》에서 찾아볼 수 있다. 야구 경기와 대학교를 구경한 사람 이야기도 여기서 가져왔다.

4

만들어진 마음

나와 남동생 베니는 10달러어치 음식을 시킬 수 있으며 브로콜리를 적어도 네 조각은 먹어야 한다는 빡빡한 지령을 받아들고 함께 중국집에 갔다. 베니는 자리에 앉아 메뉴를 펼쳤다. 에그롤이 좋을까 아니면 계란탕과 국수를 주문하는 것이 좋을까? 쿵파오 치킨도 조금 곁들이면 어떨까? 디저트는 어떻게 하지? 20여 분이 지나고 주문한 음식이 도착했다. 신선한 브로콜리도 같이. 베니의 표정이 일그러졌다. 그는 브로콜리를 정말 싫어했다. 나는 브로콜리 맛이 괜찮을 것이며 몸에도 좋을 거라고 동생을 달랬다. 베니는 한숨을 쉬고는 그 초록색 채소 조각을 입에 밀어 넣었다. 그러고는 코를 찡그리고 신음 소리를 내더니 다시 뱉어냈고, 결국 나중에 먹겠다고 약속했다. 베니는 서툰 젓가락질로 나와 함께 맛있게 국수를 먹었다. 식사를 마치고 포춘쿠키까지 먹고 난 뒤 베니의 그릇을 보자 브로콜리가 사라져 있었다. 하지만 왠지 나는 의심을 지울 수 없었다. 얼마 지나지 않아 증거가 잡혔다. 구겨진 냅킨 안에 브로콜리 네 조각이 감춰져 있었던 것이다.

위의 이야기에는 의식이 가진 여러 가지 능력이 잘 드러난다. 일부 과학자들의 주장에 따르면 이 능력들은 모두 뇌의 기계적인 작용 덕분에 생겨난다. 이 과학자들은 심장이나 위가 그렇듯 뇌 역시 생물학적인 기계의 일종이라고 주장한다. 동생이 식당에서 보여준 의식의 능력은 우리가 이해하든 못하든 모두 기계적인 과정으로 설명할 수 있다. 그리고 실제로 우리는 이 중 많은 부분을 이해한다.

동생이 눈앞에 놓인 브로콜리를 보는 순간 그의 뇌에서는 일련의 화학반응이 일어난다. 수십억 개의 전기신호가 그의 신경계를 따라 빠르게 흐른다. 신호들은 주변 환경에서 주어진 정보를 등록하는 감각기관에서 시작해 신경섬유를 타고 뇌로 흘러들어가며, 뇌는 이 신호들을 해석해 베니의 반응을 통제할 지시들을 내보낸다. 이 모든 신호는 뉴런이라는 전령 세포들의 네트워크를 통해 전달된다.

뉴런(이들을 다발로 묶은 것이 '신경'이다)은 세포체, 가지돌기, 축삭 등 크게 세 부분으로 나뉜다. 세포체는 뉴런에 영양을 공급하고 성장을 가능케 한다. 가지돌기는 가늘게 가지처럼 뻗어나간 섬유들로서 다른 뉴런이 보내는 신호를 받아들인다. 축삭은 다른 뉴런의 가지돌기가 받을 수 있도록 신호를 내보내는 역할을 하는 한 줄기의 섬유다.

뉴런들은 전기신호가 하나의 뉴런에서 다른 여러 뉴런으로, 여러 뉴런에서 하나의 뉴런으로, 또는 이들 사이를 순환 방식으로 흐르도록 하는 회로들을 형성한다. 빠른 반응이 필요할 때는 하나의 큰 뉴런이 수천 개의 근섬유를 수축하게 만들 수 있다. 조금 더 복잡하고 고려해야 할 사항이 많은 경우에는 뉴런들이 이루는 네트워크가 다수의 처리 중추에서 나온 신호들을 한데 모아 단일한 반응을 발생시킨다. 과학자들은 미세한 상호작용들이 하나로 모인 이 네트워크가 바로 의식의 기초를 형성한다고 주장한다.

이 네트워크는 뇌 조직 전역에 고루 분포하지만 인간만이 가능한 높은 수준의 사고 능력은 대뇌에 집중되어 있다고 여겨진다. 뇌 전체의 4분의 3을 차지하는 대뇌는 감각, 수의 운동, 정서, 언어, 추론 기능을 관장한다. 과학자들은 다양한 기능을 수행하는 대뇌의 서로 다른 영역을 발견하고는 이들 각각을 엽이라는 명칭으로 분류했다. 이 같은 성과는 피험자의 대뇌 곳곳에 삽입한 전극과 컴퓨터를 연결하여 각 기능을 수행할 때 활성화되는 뇌 영역들을 지도화함으로써 가능했다. 이를테면 피험자가 걸을 때는 컴퓨터 화면상에서 피험자의 뇌 상단에 해당하는 영역이 다른 영역들보다 두드러지게 활성화되어 이 영역이 걷는 기능과 관련되어 있음을 알 수 있었다. 이러한 방식으로 과학자들은 뉴런들이 뇌에서 어떻게 상호작용하는지 알게 되었을 뿐 아니라 어디에서 그 상호작용이 일어나는지까지 밝혀냈다. 즉 감각, 정서, 행동, 말하기 등의 기능이 대뇌의 어디에서 비롯되었는지 추적한 것이다.

이쯤에서 다시 베니의 식사 시간으로 돌아가보자. 베니가 눈앞에 놓인 브로콜리를 보았을 때 그의 몸에서는 어떤 일이 일어났을까? 우선 그의 눈이 마치 카메라처럼 브로콜리에 초점을 맞춘다. 그러면 망막이 이 시각상을 전기신호 패턴으로 변환하고, 신호 패턴은 '시신경'이라는 신경 다발을 타고 시상으로 이동한다. 시상은 우리 몸에서 감각 교환원과 같은 역할을 해서 우리 몸 여기저기에 분포한 감각 수용기에서 신호를 받아 다시 알맞은 뇌 영역으로 보내준다. 시각을 예로 들면, 베니의 눈을 통해 들어온 신호는 시상에 도달하면 그곳에서 대뇌의 시각영역(시각 피질)으로 보내진다. 바로 이 시각 피질에서 뉴런들은 신호 패턴을 해석해 우리가 세상을 의미 있는 형태로 인식할 수 있게 만든다.

그렇게 인식한 장면 속 물체가 브로콜리라는 사실을 깨닫기 위해서는 두 가지 정신적 요소가 더 필요하다. 첫 번째는 기억이고 두 번째는 비교 능력이다. 베니가 난생 처음 브로콜리를 봤을 때 눈에서 보낸 신호 패턴이 뇌에 저장되었고, 베니는 브로콜리를 알아보게 되었다(재인•). 대뇌의 시각 피질에 도달한 신호가 방금 들어온 신호 패턴을 기억 속에 저장된 패턴과 비교하는 인근의 '연합영역'을 통과하기 때문이다.

브로콜리의 맛도 비슷한 과정을 거친다. 혀의 미뢰들이 시상으로 신호를 보내고, 시상은 다시 그 신호를 대뇌의 1차 미각 피질과 주변의 미각 연합영역들로 보낸다. 브로콜리에 대한 혐오 반응은 대뇌의 측두엽에서 일어난다. 이후 신호 패턴은 전두엽에서 처리되어 입에 들어온 음식을 뱉어내는 반응을 하기로 결정한다. 이처럼 시각과 미각의 처리 절차는 기계적인 과정으로 설명할 수 있으며, 신호 간 비교와 재인

• 기억 속 정보와 비교해 현재 눈앞의 대상을 과거에 접한 경험이 있는지 확인하는 인지 과정.

과정도 마찬가지다.

우리가 뇌에 대해 지금만큼 이해할 수 있게 한 수많은 신경과학 연구(그리고 현재 진행 중인, 내가 감히 이 책에 다 담을 수도 없을 정도로 훨씬 더 많은 연구)를 보면 베니가 생물학적 기제의 지배를 받는다는 사실을 알 수 있다. 베니가 배고픔을 느끼고, 음식을 먹은 뒤에는 포만감을 느끼는 것 또한 혈압, 체온, 체내 화학물질의 분비 등을 제어함으로써 체내 환경을 관리하는 시상하부라는 뇌의 작은 부분에 의해 좌우된다. 우리 몸이 영양분을 필요로 하면 시상하부는 배고픔을 느끼게 하는 체내 화학물질의 분비를 촉발한다. 충분한 양의 음식물이 몸속으로 들어오면 배부름을 느끼게 하는 또 다른 화학물질이 분비된다. 섭취한 음식물에서 얻은 영양분은 기계적인 과정을 통해 세포체들에게 분배된다. 이 모든 과정이 우리의 생물학적 기질의 지배를 받는다. 대체 어디까지가 이 같은 기계적인 제어의 영향 아래 있는 걸까?

흔히 정서는 개개인의 정체성에서 큰 부분을 차지한다고 생각하기 때문에 의식의 다른 측면보다 특별한 것으로 여기곤 한다. 언뜻 보면 정서는 미각이나 시각, 소화 기능처럼 기계적인 과정들과 동일한 유형으로 묶기 어려울 것만 같다. 하지만 과학 연구 결과들을 살펴보면 정서 또한 신경계의 기계적인 과정에 영향을 받는다는 사실을 알 수 있다. 뇌의 곳곳을 전기로 자극한 실험 결과가 가장 명확한 근거다. 실험에서 측두엽 한 부분을 자극하자 피험자는 극심한 공포를 느꼈고, 또 다른 부분들을 자극하자 각각 고독감과 슬픔을 느꼈다. 자극 부분에 따라 혐오감을 느끼는 경우도 있었다.

피험자가 얼마나 많은 문제를 갖고 있든 적절한 뇌 영역을 자극하기만 하면 만사가 다 괜찮아질 거라는 즐거운 마음이 들게 할 수도 있었다. 어떤 연구에서는 심각한 우울증을 앓던 남자가 실험 참가자였다. 그는 두 눈에 눈물이 그렁그렁한 채 자기 아버지의 병환에 크나큰 책임을 느낀다고 이야기했다. 하지만 그의 뇌의 한 부분을 자극하자 그는 갑자기 우울한 이야기를 멈췄다. 그리고 몇 초 지나지 않아 만면에 미소를 띠고는 여자 친구와 데이트할 계획을 떠들기 시작했다.

대뇌는 몸 전체에서 정보를 받는다. 이를 통해 세상에 대한 의미 있는 이미지를 형성하고 그에 반응하기 위한 행동을 준비한다. 다양한 반응 패턴은 뉴런 조직들 안에 저장되며 대뇌에서 수정을 거친다. 가령 공격적인 반응은 위험에서 달아나는 반응이 저장된 것과는 다른 뉴런 집단에 저장된다. 과학자들은 바로 이 뉴런 집단을 활성화시켜 실험동물이 적대적인 방식으로 행동하게 만들 수 있다. 이를테면 새장 안에 홀로 있는 비둘기를 이 방법으로 자극하면 비둘기는 마치 또 다른 새가 영역을 침범하기라도 한 듯 성난 반응을 보이게 된다. 보이지 않는 가상의 새 주위를 위협하듯 걸어 다니며 공격을 준비하는 것이다. 생물학적 기제가 이 비둘기의 행동을 조종하는 것만 같다.

어쩌면 베니의 경우도 이와 같을지 모른다. 베니의 머릿속에서 어떻게 학습과 기억이 이루어지고, 그가 어떻게 브로콜리의 맛과 모양을 알아보며, 어떻게 브로콜리에 대해 혐오 반응을 보이는지에 대해 과학 연구 결과들이 내놓은 설명은 앞에서 살펴보았다. 그의 정서와 행동 반응도 기계적으로 설명이 가능하다. 이 모든 것은 결국 베니의 의식이 기계적으로 이루어져 있다는 사실을 의미하는 걸까? 그렇다면 베니는 기계인 셈이다. 생물학적 기계 말이다. 하지만 아직 단언할 수는 없다. 식당에서 일어난 일 중 생물학적으로 설명할 수 없는 일이 있기 때문이다. 이를테면 브로콜리의 맛을 느낀다는 의식 경험이 어떻게 이루어지는지는 아직 밝혀지지 않았다. 전기신호는 대체 어떻게 우리가 지금과 같은 방식으로 브로콜리의 맛을 느끼게 하는 걸까? 다시 말해 베니는 어떻게 브로콜리의 맛을 경험할 수 있는 걸까? 어째서 이 신호 체계는 베니의 입에서는 브로콜리가 나쁜 맛으로 느껴지지만 내 입에서는 괜찮게 느껴지는 결과를 낳는 걸까? 과학자들은 이에 답하지 못한다.

또 베니의 생물학적 기질만으로는 그가 브로콜리를 먹지 않기 위해 취하는 전략을 설명할 수 없다. 베니는 왜 자기가 브로콜리를 네 조각이나 먹어야 하냐며 따질 수도 있었지만 곰곰이 생각해본 후 이 방법이 별로 효과적이지 못하다고 결론 내렸다. 그러고는 브로콜리를 먹는 척하고 냅킨 속에 숨겨 나를 속이는 편이 훨씬 쉬울 거라는 판단에 이른다. 그것을 효과적으로 숨기는 방법은 또 어떻게 알았을까?

마찬가지로 베니가 식사를 주문한 방식은 지금까지 알려진 어떠한 생물학적 기제로도 명확하게 설명할 수 없다. 베니는 음식을 주문하기 전에 먹고 싶은 음식의 종류를 고르고, 많은 양을 먹기 위해 요리의 질을 얼마만큼 포기할지 결정한다. 그는 계란탕보다 에그롤을 더 좋아하지만 에그롤은 가격이 더 비싸다. 쿵파오 치킨은 먹고 싶은가? 에그롤보다 이쪽이 더 배가 부를까? 오늘은 디저트가 당기는가? 메뉴에 적힌 음식들을 다양하게 먹어보지는 못하지만 각각이 어떤 맛일지는 쉽게 상상할 수 있다. 이렇듯 완벽한 식사 메뉴를 구성하는 그의 능력은 지금껏 알려진 뇌의 기계적인 작용들의 수준을 훌쩍 뛰어넘는 고차원의 사고를 보여준다.

나 역시 베니가 어딘가에 숨겼을지 모를 브로콜리를 찾을 때 이처럼 높은 차원의 사고 과정을 거친다. 동생이 속임수를 썼을지 모른다고 의심한 나는 베니가 앉은 쪽 식탁 위 물건들을 살핀다. 그렇게 브로콜리를 찾아낸 뒤에는 베니가 어떻게든 먹지 않기 위해 냅킨에 브로콜리를 숨겼다고 결론 짓는다. 이 과정도 현 수준의 뇌 연구자들은 설명하지 못하는 유형의 정신 능력이다.

신경과학자들은 뇌가 어떻게 작용하는지에 관해 많은 사실들을 밝혀냈지만(이 장에서 소개한 내용은 극히 단순화한 설명이었다) 그럼에도 여전히 모르는 것이 훨씬 많다고 이야기한다. 이들이 알아낸 것은 대부분 데이비드 차머스의 분류법에 따르면 의식의 '쉬운 문제'에 해당한다. 뇌가 어떻게 의식을 만들어내는지 이해하기 위해서는 아직도 갈 길이 멀다. 생물학적 관점으로는 겨우 이론과 가능성만 있을 뿐, 아직 베니가 기계인지 여부를 입증할 증거가 충분하지 않다.

더 읽어보기

이 장에서 소개한 기술적 정보 대부분은 아서 가이튼Arthur Guyton이 쓴 《해부 생리학Anatomy and Physiology》과 제프리 언더우드Geoffrey Underwood가 다수의 논문을 엮어 펴낸 《옥스포드 지침서: 마음편Oxford Guide to the Mind》에서 찾아볼 수 있다. 이 장에서 언급한 실험들도 마찬가지로 이 책들에서 발췌했다. 여기서 추가로 살펴보면 좋을 책이 J. 앨런 홉슨의 《의식》이다. 《의식》에는 수면과 각성, 그 외 뇌의 여러 상태에 관한 생리학적 기제를 예술적으로 설명하는 그림들이 함께 수록되어 있다.

5

무의식에서 피어난 의식

어떻게 뇌 안의 무의식적인 물질에서 의식이 생겨나는 일이 가능한 걸까? 생물학적 기제는 어떻게 호문쿨루스 또는 자기라는 존재를 만들어낼 수 있는 걸까? 자유의지는 또 어떻게 만들어낸단 말인가? 철학자뿐 아니라 신경과학자들도 이 같은 문제에 꽤나 오랜 시간 골머리를 썩었다. 의식을 설명할 생물학적 이론을 구축하기 위해서는 먼저 이 문제들에 대한 해답을 찾아야만 했다.

과학자 프랜시스 크릭Francis Crick은 구태여 물질계와 정신계가 구별된다고 주장하는 이원론에 기대지 않고도 물리적인 구조물에서 의식이 생겨나는 것이 가능하다고 말한다. 크릭은 과학적인 불가사의를 대하는 데 이미 이골이 난 인물로, 1962년에는 DNA의 구조를 발견한 공을 인정받아 제임스 왓슨James Watson과 함께 노벨 생리 의학상을 수상했다. 그의 말에 따르면 영혼이란 단지 지금까지의 과학 발전 수준이 의식 문제에 덤벼들기에는 역부족이었던 탓에 살아남을 수 있었던 미신에 불과하다. 비슷한 예로 수백 년 전만 해도 대부분의 사람은 지구가 평평하다고 믿었다. 대다수의 사람이 믿는다고 해서 그것이 꼭 진실은 아니다.

갈릴레오 갈릴레이Galileo Galilei나 아이작 뉴턴Isaac Newton이 등장하기 전에 사람들은 태양계 행성들이 당연히 천사의 인도를 받아 운동한다고 여겼다. 찰스 다윈Charles Darwin이 진화론을 설파하기 전에는 전지전능한 창조주의 개입 말고는 복잡한 생물체들이 어떻게 이 땅에 생겨났는지 달리 설명할 방도가 없었다. 크릭은 육신이 죽은 뒤에도 사라지지 않는 비물질적인 영혼에 대한 미신 또한 과학적인 지식이 부족한 데서 비롯되었다고 주장한다. 아울러 비록 지금은 정확한 기제를 알지 못하지만 의식이 순전히 물리적인 구조물에서 생겨나는 일이 불가능하지는 않다고 역설한다.

크릭이 보기에 사람들이 여기에 의구심을 품는 이유는 뉴런을 포함하여 뇌를 구성하는 각각의 구조물이 의식의 특성을 하나도 갖추고 있지 않기 때문이다. 각각이 의식의 구조물이 특성과는 거리가 먼데 그 구조물들이 함께 어우러져 작용한 결과가 어떻게 의식을 만들어낸단 말인가? 크릭은 구성 요소들이 더해진 결과가 단순히 이들의 물리적인 합 이상의 결과를 낳는 자연현상이 많다는 데 주목한다. 예를 들어 소금은 소금을 이루는 각각의 요소들과는 전혀 다른 특성을 띤다. 일반적으로 우리가 사용하는 소금(염화나트륨)은 염소와 나트륨으로 이루어진다. 염소 가스는 치명적인 독성 물질인 반면 염화나트륨은 필수 영양소다. 나트륨과 염소로 구성된 소금은 나트륨이나 염소와는 완전히 다른 특성을 띠지만 그렇다고 이것이 염화나트륨에 불가사의의 소금 요정이 깃들어 있다는 의미는 아니다.

생명체도 하나의 예다. 아주 작은 단위까지 파고 들어가 보면 우리는 모두 생명력이 없는 아원자입자•로 이루어져 있으며, 아원자입자는 다시 무생물인 양성자, 중성자, 전자로, 이들 각각은 마찬가지로 살아 있지 않은 쿼크••로 이루어져 있다. 눈에 보이지도 않는 작은 무생물 입자들이 복잡한 생명체를 구성하는 단위가 될 수 있다면 곧 뉴런처럼 의식이 없는 구조물도 의식을 구성하는 단위가 될 수 있다.

• 원자보다 작은 입자.
•• 입자물리학에서 우주를 구성하는 기본 구성자.

앞장에서 우리는 뇌의 기본적인 신호체계, 즉 우리 몸의 뉴런들이 어떻게 주변 세상으로부터 감각 정보를 받아들이고 이를 뇌로 전달해 처리하는지 알아보았다. 또 뇌의 특정 영역이 단순한 행동뿐만 아니라 정서의 근원인 것 같다는 이야기도 다루었다. 이 정보들이 어떻게 의식을 생물학적으로 설명하는 이론으로 발전할 수 있을까?

과학자 제럴드 에덜먼Gerald Edelman이 하나의 가설을 내놓았다. 그는 동일한 작업을 수행하는 뉴런들을 하나의 덩어리로 묶어서 보자고 제안한다. 피부의 한 부분이나 눈의 망막 같은 수용기 세포들의 집단에 대응하는 뉴런 집단이 존재하며, 이 뉴런 덩어리들이 지속적으로 세포 집단과 상호작용한다고 말이다. 가령 뇌의 시각 피질에는 이처럼 계속해서 서로 상호작용하는 뉴런 집단이 30여 개 있다.

에덜먼은 다름 아닌 이 뉴런 집단 간의 관계가 세상에 존재하는 모든 것을 범주에 따라 나누고 통합적으로 표상하는 시스템을 만들어낸다는 가설을 세웠다. 우리가 어떤 사람의 얼굴을 본다고 해보자. 각 뉴런 집단은 우리가 보는 대상의 특정 측면을 담당한다. 일부는 이목구비의 윤곽을 처리하고, 어떤 뉴런 집단은 색깔 정보를 처리하며, 또 다른 뉴런 집단은 대상의 움직임 정보를 처리할 것이다. 여러 집단은 신속하게 상호작용해 모든 정보를 하나로 통합하고 외부 세계에 대한 통합적인 표상을 만들어낸다. 그 덕에 우리는 자동차, 나무, 건물 등 유사한 속성을 지닌 사물들을 하나의 범주로 묶을 수 있다. 우리가 사물을 마주할 때마다 기존에 있던 범주는 수정되고, 강화되고, 또 확장된다. 이 같은 지각적 범주화perceptual categorization가 바로 다른 단순한 능력들의 도움을 받아 의식의 토대가 될 가장 초기 단계의 인지능력이다. 에덜먼은 이 범주화 능력이 의식의 필요조건이기는 하나 충분조건은 아니라고 주장한다. 실제로 이 정도 과제는 컴퓨터 시뮬레이션을 입힌 로봇도 해낼 수 있다. 하지만 에덜먼이 말하는 '1차 의식primary consciousness'에는 범주화 능력이 반드시 필요하다.

1차 의식에는 단순한 감각과 감각 경험을 할 수 있는 능력이 포함된다. 뇌 구조가 우리와 유사한 동물에게서 볼 수 있는 가장 기초적인 의식의 형태다. 에덜먼은 이를 인간이 가진 또 하나의 의식 형태인 '고차 의식higher-order consciousness'과 구별해 설명한다. 더 기초적인 1차 의식부터 이야기해보자.

세상에 존재하는 것들을 범주로 나누는 능력은 1차 의식이 지닌 다양한 측면 중 겨우 하나일 뿐이다. 또 다른 측면으로는 기억이 있다. 다만 여기서 말하는 기억은 단순히 정보를 저장하는 능력이 아니라 기존의 범주를 수정하고 강화하는 능동적인 과정을 의미한다. 이를테면 당신이 생전 처음 보는 희한한 모습의 자동차와 마주했다고 해보자. 지붕에는 뾰족뾰족한 가시들이 잔뜩 튀어나와 있고 전면에는 면도날처럼 날카로운 이빨(꼭 고질라 이빨처럼 생긴 것)이 나 있다. 하지만 이제껏 본 어떤 차와도 닮지 않았음에도 당신은 이 물체를 자동차라고 인식한다. 뇌에서 자동차의 범주를 떠올려 눈앞의 차와 비교한 뒤 이 새로운 유형의 자동차도 아우를 수 있도록 범주를 확장하기 때문이다.

에덜먼은 이러한 과정이 어떻게 이루어지는지 설명하기 위해 다음과 같은 비유를 든다. 꼭대기에 빙하가 덮인 산이 있다. 날씨가 따뜻해지면 물줄기가 산골짜기를 따라 기존에 있던 웅덩이로 흘러 들어간다. 이 물웅덩이들은 저장된 정보의 범주, 즉 기억을 상징한다. 기억이 그렇듯 웅덩이들도 날씨의 변화에 따라 새로운 물줄기(정보)가 모여 들면서 계속해서 형태가 바뀐다. 물줄기들은 굽이치며 흐르다 다른 물줄기와 합쳐진다. 산의 표면을 따라 이리저리 흐르며 물웅덩이 여럿이 이어지기도 한다.

에덜먼은 기억이란 돌에 새겨진 글귀처럼 단순히 시간

순서대로 기록되는 것이 아니라 유동적인 것이라고 말한다. 사건들에 대한 우리의 기억은 흐려질 수도, 강렬해질 수도 있다. 기억의 갈래들은 마음속 곳곳에서 흐르며 때로는 옅어지고, 때로는 마구 밀려들며, 때로는 다른 기억과 섞인다. 사람, 장소, 사건, 생각들은 우리가 살아가는 동안 기억으로 떠올릴 때마다 달라지고, 서로 분리되거나 합쳐지곤 한다.

우리의 기억은 지각에 의해 형성되며, 지각은 기억에 의해 이루어진다. 가령 세 사람이 동시에 한 강도 사건을 목격했다고 해보자. 10년이 흐른 뒤 세 사람을 따로따로 인터뷰한다면 어떤 일이 벌어질까? 저마다 이야기가 조금씩 다를 가능성이 크다. 한 명은 은행에서 총소리가 나는 걸 들었다고 말하는데 나머지 둘은 그런 기억이 없다고 할지 모른다. 한 명은 강도단 두목의 걸걸한 목소리를 기억할 수도 있다. 누군가는 강도들이 입고 있던 옷차림을 묘사할 수 있을지도 모른다. 목격자들은 각각 어떤 세부 사항은 선명하게 기억하고, 어떤 것은 모호하게 기억하며, 어떤 것은 전혀 기억하지 못할 것이다. 똑같은 사건인데도 세 명은 이를 모두 다르게 기억한다. 그들이 의식하든 못하든 그들의 기억이 시간이 흐르면서 수정되고 각색되었기 때문이다.

에덜먼은 기억과 더불어 학습 체계도 1차 의식의 필수

요소라고 말한다. 학습은 특정 경험을 다른 것보다 더 선호하게 만든다는 점에서 의식에서 또 하나의 중요한 측면을 담당한다. 어떤 사람이 의자에 묶여 있는 상황을 떠올려보자. 의자 앞에는 빨간색과 노란색 버튼이 하나씩 달린 제어장치가 놓여 있다. 빨간 버튼을 누르면 의자의 마사지 기능이 작동한다. 노란 버튼을 누르면 고통스러운 충격이 가해진다. 각 버튼을 눌렀을 때 어떤 일이 벌어지는지 기억에 저장되고 나면 의자에 앉아 있는 사람은 어느 쪽 결과가 더 좋은지를 학습하게 된다(마사지를 더 좋아할 것 같긴 하지만 어쩌면 개인차가 있을지도 모른다). 이후에는 버튼을 이것저것 누르며 장난치려는 의도가 아닌 이상 이 사람은 앞서 자기가 좋다고 평가한 버튼만을 누를 것이다. 이처럼 단순한 형태의 학습이 1차 의식에는 매우 중요하다.

나아가 에덜먼은 1차 의식에 필요한 요소가 두 가지 더 있다고 한다. 그중 첫 번째는 자기 자신과 자신이 아닌 것을 구별하는 능력이다. 이것은 인간이 경험하는 자기라는 감각(호문쿨루스)을 가리키는 것은 아니다. 이는 고차 의식에 해당한다. 여기서는 단순히 유기체가 자신을 외부 세계와 구별된 하나의 독립체로 인식할 수 있는지 여부를 의미한다. 이를테면 허기를 채우고자 하는 등의 기본 욕구를 느끼는 것도 이 능력과 관련이 있다. 유기체는 배고픔을 느끼면 먹을 것을 찾아 섭취한다. 그리고 이를 통해 기본적인 자기로서의 감각(배고픈 느낌)을 경험하고 먹이를 비롯한 외부 물체들과 자신을 구별하게 된다.

에덜먼은 1차 의식에 필요한 마지막 요소로 시간 감각을 꼽았다. 사건의 순서(A가 B에 앞서 발생했고, C가 D보다 먼저 일어났다는 등)를 이해하는 능력은 의식 활동에 반드시 필요하다. 에덜먼은 이 같은 시간 감각을 가능케 하는 뇌 활동이 범주화 및 개념 형성 능력의 바탕이 되는 뇌 활동과 유사하며 서로 연결되어 있을 것이라고 추측했다.

자, 이쯤에서 다시 정리해보자면 에덜먼은 유기체가 의식을 갖추기 위해서는 몇 가지 능력이 필요하다고 믿었다. 먼저 유기체는 다양한 물체들에 대한 개념을 세울 수 있도록 세상에 존재하는 물체들을 범주화할 수 있어야 한다. 예컨대 양과 고슴도치는 서로 다른 범주에 들어간다는 사실을 알아야 한다. 아울러 이렇게 범주화한 내용을 기억에 저장할 수 있어야 하며, 이는 단순한 저장 과정이 아닌 능동적인 형성 과정이다. 즉 유기체는 이례적으로 살찐 고슴도치를 마주할 경우 이렇듯 낯선 형태도 포용할 수 있게끔 범주를 확장해야 한다. 또한 유기체는 새로운 지식을 습득할 뿐만 아니라 자신이 무엇을 좋아하고 싫어하는지 구별할 수 있는 학습 체계도 갖추고 있어야 한다. 가령 양을 쓰다듬는 것은 좋아하지만 고슴도치를 쓰다듬는 건 별로 좋아하지 않을 수 있다. 마지막으로 유기체는 자기 자신과 외부 세계를 구분 지으며 시간 감각을 갖춰야 한다. 예를 들어 유기체는 말도 안 되게 거대한 고슴도치가 왼쪽에서 오른쪽으로 이동하는 모습을 볼 때, 이 고슴도치가 자기와는 별개의 독립체이며 처음에는 왼쪽에 있다가 이후 오른쪽에 있게 되었음을 인식할 수 있어야 한다. 에덜먼의 주장에 따르면 이 모든 체계 간의 상호작용이 바로 1차 의식이다.

뉴런 집단과 관련 세포 및 화학물질 사이의 정보 교환이 1차 의식을 가능케 한다. 그리고 1차 의식은 곧 보다 상위 단계인 고차 의식의 밑바탕이 된다. 에덜먼에 의하면 이 수준 높은 차원의 의식은 인간이 사회적 상호작용을 경험할 때만 생겨난다. 언어를 사용하는 이러한 유의 상호작용은 인간의 사고와 의사 결정 능력이 발달하는 데 도움을 준다. 우리는 언어와 사회적 접촉을 통해 인간으로서의 정체감을 키워간다. 에덜먼의 이론에서는 이 능력이 1차 의식의 모든 요소와 더불어 인간의 마음을 구성한다.

이제 에덜먼의 이론을 이용해 이 장 도입부에 언급한

의식의 두 가지 측면, 자기와 자유의지를 설명할 수 있을지 확인해보자. 우선 자기부터 살펴보겠다.

뇌가 저마다 다른 목적을 수행하기 위한 여러 영역으로 구분되어 있다는 사실은 우리 모두 알고 있다. 에덜먼의 주장에 따르면 뉴런은 주력 과제에 따라 각기 다른 집단에 속한다. 그런데 뇌에서 제각각 이루어지는 수많은 상호작용에도 불구하고 우리에게는 뇌가 단일한 중앙 제어 능력을 지닌 것처럼 보인다. 우리가 경험하는 것은 모두 일관된 관점을 따른다. 마치 우리의 머릿속에 호문쿨루스가 하나씩 앉아 돌아가는 상황을 전부 감시하고 감독하는 것만 같다. 그 모든 생물학적 개별 활동에서 어떻게 전체를 관리하는 자기라는 존재가 생겨난 걸까?

신경과학자인 안토니오 다마지오Antonio Damasio가 한 가지 가능한 답을 제시했다. 그는 자기에 세 가지 측면이 있다고 말한다. 첫 번째 요소는 역사다. 우리가 살아가는 동안 발생하는 중요한 사건들은 기억에 저장되어 다시 회상할 수 있다. 이러한 경험들은 우리가 세상을 바라보는 관점을 형성할 뿐만 아니라 우리의 정체감을 만드는 데도 도움을 준다. 에덜먼의 주장처럼 기억은 정적인 과정이 아니므로 우리가 하는 모든 경험은 기존에 쌓아둔 지식을 확장하고 변화시킨다. 그와 함께 우리의 관점도 시시각각 새롭게 형성된다.

요컨대 우리의 정체감은 기억 속에 저장된 자신에 대한 사실들에 의해 형성되는 셈이다. 여기에는 자신의 이름이 무엇인지, 어디에 살고 있는지, 부모님과 형제가 어떤 사람인지, 인생의 목표가 무엇인지, 두려워하는 건 무엇인지와 같은 정보가 속하며, 그밖에도 자신의 관점을 형성하는 것이라면 무엇이든 포함될 수 있다. 우리는 인생 경험과 지식이라는 렌즈를 통해 세상을 지각한다.

다마지오가 말하는 자기의 두 번째 요소는 자신의 몸에 대한 지식이다. 이는 에덜먼이 1차 의식의 필수 요소 중 하나로 꼽았던 자신과 자신이 아닌 것을 구별하는 능력과도 유사한 개념이다. 우리는 거울이 없는 장소에서 태어나도 자신에게 몸이 있다는 사실을 느낄 수 있다. 팔과 다리를 어떻게 하면 원하는 대로 움직일 수 있는지 누가 가르쳐주지 않아도 알 수 있으며, 몸에서 일어난 변화가 마음에 어떤 영향을 미치는지 스스로 깨닫는다. 자신의 몸에 대한 자각은 자신을 독립된 주체로 느낄 수 있게 하므로 정체감 형성에도 기여한다. 우리는 다른 사람들이 내가 아님을 인식한다. 그들은 나와 별개로 존재하며 독립적으로 움직인다.

다마지오의 이론에 따르면 자기의 세 번째 요소는 언어능력이다. 언어능력이라고 해서 반드시 영어나 포르투갈어 등 한 국가의 공용어를 구사할 수 있어야 한다는 말은 아니다. 그렇지만 어떠한 형태로든 상징적 표상은 가지고 있어야 한다. 의식적 자기를 갖추기 위해서는 자신을 둘러싼 주변 세상과 자신이 경험하는 바와 자신의 신체 면면을 의미있는 방식으로 표현하는 능력이 필요하다. 그렇지 않다면 생각하고 있다고 볼 수 없다. 나는 영어로 생각하며 이 글을 쓰고 있다. 당신은 아마 한국어로 생각하며 이 글을 읽을 것이다. 하지만 동시에 이 글은 프랑스어나 일본어, 심상이나 운율, 혹은 또 다른 부호의 형태로도 생각할 수 있다. 어떤 표현 체계든 상관없다. 우리가 언어 없이 생각할 수 없다는 데는 많은 과학자와 철학자가 동의한다. 그러나 몸으로 쌓아온 역사가 있다고 해도 세상에 의미를 부여할 수 있는 능력을 갖추었다고는 할 수 없다. 의미를 부여하는 데는 언어가 필요하다. 언어능력이야말로 자신의 의식, 다시 말해 자기의 존재를 알아차리고 표현할 수 있게 해주는 요소인 것이다.

언어를 이해하는 능력은 우리 뇌의 왼쪽 반구에 자리하고 있다. 여기서 구체적으로 다루지는 않지만 물론 자기의 다른 요소 또한 각각을 관장하는 나름의 생물학적 기제가 있다. 재미있는 사실은 자기라는 감각을 경험하기 위해 꼭 뇌 전체가 다 있어야 하는 것은 아니라는 점이다. 가령 '분리 뇌 수술'이라는 것이 있는데, 이 수술은 뇌의 두 반구 사이를 이어주는 신경섬유를 잘라내는 것이다. 그러다 보면 간혹 환자의 마음이 두 개가 되는 경우, 즉 자기가 두 개가 되는 경우도 발생한다. 뇌의 좌우 반구가 이어져 있을 때처럼 어느 한쪽이 다른 쪽 반구에 종속당하는 것이 아니라 둘이 각기 독립적으로 작용하는 것이다. 두 눈이 서로 분리된 뇌 반구 각각을 통해 제어되다 보니 왼쪽 뇌 반구가 어떤 시각 정보를 처리하는지 오른쪽 뇌 반구가 알아차리지 못하며, 그 반대도 마찬가지가 된다. 좌우 뇌 반구가 각자 다른 활동을 하도록 명령해 서로 충돌이 발생하기도 한다. 예를 들어 한 손은 셔츠의 단추를 채우려 하는데 다른 손은 단추를 풀려고 하는 식이다. 이를 비롯한 여러 근거를 바탕으로 많은 과학자가 뇌 구조물 간의 상호작용이 자기를 만들어낸다는 설에 동의한다.

이제 당신도 슬슬 과학자들이 설명하는 자기의 생물학적 발생 원리가 어떤 논리인지 감이 올 것이다. 그렇지만 여전히 문제는 남아 있다. 그렇게 생겨난 자기가 몸에 대해 행사하는 통제력은 어떻게 과학적으로 설명할 수 있을까? 다시 말해 자유의지를 가능케 하는 생물학적 체제란 무엇일까? 프랜시스 크릭의 주장으로 다시 돌아가 보자.

우리의 뇌에는 계획을 세우고 의사 결정을 행하는 역할을 담당하는 영역이 있다. 계획과 의사 결정은 뇌가 기계적인 방식으로 수없이 많은 계산을 마치고 얻어낸 결과물이다. 하지만 막상 우리는 뇌에서 이렇듯 많은 계산이 이루어졌음을 알지 못한다. 그러다 보니 우리는 뇌가 무의식적으로 수행한 계산의 결과만 알뿐 계산 자체에 대해서는 무지하다. 즉 자신이 어떤 의사 결정을 내렸는지는 알지만 그 같은 의사 결정을 내리기 위해 뇌가 무슨 일을 하는지는 모른다.

그러니까 크릭의 관점에서 보면 우리는 자신에게 자유의지가 있다고 생각하지만 실제로는 그렇지 않다. 우리가 떠올린 계획은 우리가 의식하지 못하는 사이 뇌가 행한 계산의 결과이며, 의사 결정 또한 동일한 방식으로 이루어진다. 그렇게 내린 의사 결정의 이유가 무엇인지 밝히기는 어마어마하게 어려울 수 있는데, 뇌가 수행하는 계산의 마지막 단계에서는 작은 사건 하나만으로도 완전히 다른 결과가 나올 수 있기 때문이다. 더구나 이 무의식적인 계산에 영향을 미칠 수 있는 요인의 수는 엄청나게 많고 각각의 요인이 야기한 결과들은 저장되었다가 다시 다른 계산에 쓰이기도 한다. 그러다 보니 모든 계산이 끝난 뒤의 최종 결과는 평범한 사람으로서는 사실상 예측이 불가능하다. 우리는 모두 뇌의 작용을 바라보는 데 한해서는 평범한 사람일 수밖에 없으므로, 이를 두고 누군가는 계산의 최종 결과가 예측 불가능해 보이니 결국 우리의 의지를 자유의지라고 보는 것이 맞다는 오해를 할 수도 있다. 하지만 크릭의 말에 따르면 의사 결정은 사실 바로 그 무의식적인 계산을 거쳤기에 가능한 것이다. 얼핏 자유롭게 보이는 행동도 실상은 우리가 알지 못하는 이 모든 사전 계산들을 통해 기계적으로 도출된 결과값이다.

크릭은 과학자들이 특정한 유형의 뇌 손상 환자들을 연구함으로써 자유의지가 생겨나는 것으로 추정되는 장소를 발견했다고 주장한다. 그는 그 근거로 안토니오 다마지오가 독특한 문제를 안고 있던 어떤 환자에 대해 묘사한 글을 인용한다. 다마지오의 환자였던 이 여성은 뇌 손상을 겪고 나서부터 분명 깨어 있는 것처럼 보이는데도 주변의 그 누구에게도 대꾸하지 않았다. 의사들이 질문을 던지면 그들을 따라 눈을 움직이고 질문을 이해한 것처럼 행동했지만 아무한테도 말은 하지 않았다.

한 달이 지나자 그는 거의 회복되었다. 어째서 그전에는 사람들의 말에 대꾸하지 않았냐고 묻자 그는 주변 사람들이 하는 대화는 이해했지만 "아무런 할 말이 없었다"고 말한다. 마치 마음이 '텅 빈' 것처럼 느껴졌다는 것이다. 이에 대해 크릭은 이 환자가 자유의지를 잃은 것이라고 해석했다. 그렇다면 한 가지 의문이 떠오른다. 그의 뇌에서 손상된 부분은 어디였을까? 손상이 발견된 곳은 신체의 여러 감각 영역들에서 신호를 받아 처리하는 '전측대상구anterior cingulate sulcus'였다. 크릭은 의지가 바로 이 영역에서 비롯되며, 앞서 소개한 환자 사례가 그 증거라고 생각했다.

아울러 크릭은 '외계인 손 증후군alien hand syndrome'도 자신의 생각을 뒷받침할 또 하나의 증거라고 보았다. 이 증후군은 환자의 손이 그의 의지를 거슬러 멋대로 움직이는 증상이 특징이다. 예를 들어 환자 자신은 전혀 그럴 의도가 없음에도 왼손이 갑자기 주변 물건을 움켜쥐는 식이다. 이 경우도 앞의 사례와 마찬가지로 환자의 의지가 손상된 것처럼 보인다. 때로는 손이 제멋대로 움켜쥔 물건을 놓을 수가 없어 반대 손을 동원해야 하는 상황도 벌어진다. 어떤 환자는 자신의 '외계인' 손에게 소리를 질러야만 손이 잡고 있던 것을 놓는다고 말했다. 이번에도 손상을 입은 곳은 전측대상구였다. 이로써 크릭은 뇌의 이 영역에 의지가 자리한 것이 확인되었다고 믿었다.

그러니까 크릭은 우리가 자신의 의지라고 여기는 어떤 감각을 만들어내는 장소이자 우리가 의식하지 못하는 온갖 계산을 수행해 의사 결정을 내리는 곳이 바로 전측대상구라고 믿었다. 결국 그는 자유의지라는 것은 존재하지 않으며 우리가 자신의 삶을 자유로이 통제하는 것이 아니라는 결론에 도달했다. 내가 자유의지로 내린 의사 결정이라고 믿었던 것이 사실 뇌가 만들어낸 것일 뿐이라고 말이다. 크릭의 주장에 따르면 우리의 육체는 통제하에 놓여 있다. 그 꼭대기에는 자기도 호문쿨루스도 없다. 오직 뇌만이 존재할 뿐이다.

그의 말이 옳다면 그는 우리가 기계임을 증명한 셈이다. 쇳덩어리 대신 유기물로 이루어져 있다는 사실은 아무 의미도 없다. 여기서 중요한 사실은 우리의 인간성이 순전히 물리적인 구성 요소들의 상호작용만으로 만들어진 결과물이라는 점이다. 크릭의 주장은 곧 어떤 괴짜 과학자가 우리의 뇌와 신체에 관한 모든 정보를 속속들이 파악하고 기술력을 충분히 갖추기만 한다면 우리가 어떤 행동을 하고 무슨 생각을 할지 예측하는 일도 가능하리라는 이야기다. 우리는 유기물로 이루어진 기계이니까.

크릭과 에덜먼은 육체의 모든 물리적인 부분이 적확한 방식으로 조직될 때 의식이 피어난다고 믿었다. 세상에 영혼 따위는 없다. 그들의 시각에서는 육신이 죽으면 마음도 죽는다. 마음을 만들어내는 건 뇌뿐이다.

물론 크릭과 에덜먼의 주장은 추측이지 과학적인 연구 결과가 아니다. 과학은 아직 그들의 이론을 검증할 만큼 발전하지 못했기에 그들의 말처럼 인간이 한낱 유기물로 이루어진 기계에 불과한지 어떤지 확답을 줄 수가 없다. 그렇지만 만약 물리적인 물질로 의식을 갖춘 독립체를 만들어낼 수 있다면 이는 분명 우리가 기계라는 확실한 증거가 될 것이다. 과연 우리는 마음을 만들어낼 수 있을까?

더 읽어보기

프랜시스 크릭이 의식에 관해 연구한 내용을 더 자세히 알고 싶다면 《놀라운 가설The Astonishing Hypothesis》을 읽어보자. 아울러 그가 크리스토프 코흐Christof Koch와 공동집필한 '의식과 신경과학Consciousness and Neuroscience'이라는 논문에도 흥미로운 주장이 소개되어 있다. 이 논문은 국제학술지 〈대뇌피질Cerebral Cortex〉에 실렸다. 제럴드 에덜먼은 《현재에 대한 기억The Remembered Present》과 《신경과학과 마음의 세계》를 비롯해 많은 책을 썼다. 비교적 최근에 쓴 책으로는 《뇌의식의 우주》가 있다. 기억을 산골짜기에 흐르는 물줄기에 비유한 내용은 이 책에서 발췌했다. 자기라는 존재가 어떻게 생겨날 수 있는지에 관한 설명 중 일부는 안토니오 다마지오의 책 《데카르트의 오류: 감정, 이성 그리고 인간의 뇌Descartes's Error》에서 빌려왔다. 더불어 애덤 지먼의 《의식: 사용 지침서》도 참고할 만하다. 의식을 생물학적으로 설명하는 이론들을 깊이 있게 이해하고 싶다면 철학자 존 설의 책 《의식의 신비The Mystery of Consciousness》가 도움이 될 것이다.

6

마음을 만드는 방법

당신이 자는 사이 어떤 과학자가 당신의 살아 있는 복제품을 만들어낸다고 가정해보자. 과학자는 당신의 다양한 물질을 활용해 신체와 뇌의 특징들을 빠짐없이 복제하고, 완벽하게 의식을 갖춘 복제 인간을 탄생시킨다. 편의상 이 복제 인간을 레플리카라고 부르도록 하자(레플리카는 '것'으로 지칭하자). 레플리카는 당신의 기억을 전부 똑같이 가지고 있으며, 그로 인해 자신을 기억의 주인, 즉 당신이라고 믿는다. 당신의 친구나 친척들도 레플리카가 당신에 대한 모든 사실을 알고 있으니 당연히 레플리카를 당신이라고 확신할 것이다. 레플리카가 만들어질 때 당신의 의식은 움직이거나 바뀌지 않았다. 사실 자고 있었으므로 자신이 복제되었다는 것조차 알 턱이 없다. 레플리카는 당신이 아닌 전혀 다른 존재다. 레플리카가 만들어졌으니 이제 당신은 더 이상 필요하지 않다고 한다면 당신은 틀림없이 반박할 것이다. 당신에게 레플리카는 완전히 다른 사람일 테니 말이다.

그럼 또 다른 사고실험을 해보자. 사고실험이란 말 그대로 머릿속에서 해보는 실험이다. 이번에는 아까 그 과학자가 당신 뇌의 아주 작은 부분을 기존의 것과 동일한 기능을 수행하는 다른 물질로 바꿔치기한다고 가정해보자. 당신은 아무런 변화를 느끼지 못할 것이며, 의식 또한 무사하다. 실제로 오늘날에는 청각 장애인이나 파킨슨병 환자들이 뇌에 인공 물질을 삽입하여 도움을 받기도 한다. 자, 이제 그 과학자가 당신의 뇌에서 조금씩 더 많은 부분을 다른 물질로 대체한다고 생각해보자. 그렇게 차츰 당신의 몸 전체가 다른 것들로 대체된다. 수술 후, 당신은 이전과 똑같다고 느낀다. 신체의 모든 부위가 제대로 기능한다. 당신은 자신의 정체감이 온전하며, 수술을 받기 전과 후의 자신이 같은 사람이라고 느낀다.

두 번째 사고실험에서 모든 수술이 끝난 뒤 당신은 첫 번째 사고실험에서 만들어졌던 레플리카와 똑같아졌다. 하지만 우리는 이미 레플리카가 당신과 다른 존재라는 데 동의했다. 따라서 이 경우 당신의 신체를 구성하는 모든 입자들이 대체물로 바뀌었기 때문에 당신 또한 전혀 다른 사람이 되었다는 결론에 도달한다. 그런데 사실 이 모든 과정은 자연히 일어나는 일 아닌가? 우리 몸의 세포들은 끊임없이 죽고 새로운 세포들로 대체된다. 신체를 구성하는 입자 대부분은 몇 달 간격을 두고 새로운 것으로 대체된다. 그렇다면 우리는 지속적으로 또 다른 누군가로 대체되고 있는 게 아닐까?

이 문제에 답하기 위해서는 먼저 우리를 어떻게 정의할지부터 명확히 이해해야 한다. 컴퓨터 과학자이자 발명가인 레이 커즈와일Ray Kurzweil은 우리를 단순히 입자들의 모음이라고는 볼 수 없다고 말했다. 앞서 언급했듯 각각의 입자들이 끊임없이 새로운 입자로 대체된다는 사실은 우리가 지속적으로 다른 누군가로 대체됨을 시사하기 때문이다. 당연히 실제로 우리가 계속해서 다른 누군가로 대체될 리는 없다. 그래서 커즈와일은 입자들의 조직, 그러니까 물질과 에너지가 결합된 패턴이 곧 우리라는 주장을 내놓았다. 우리의 몸을 구성하는 각각의 입자들은 다른 것으로 바뀌는지 몰라도 몸 전체의 조직 패턴은 변하지 않는다는 것이다.

덧붙여 커즈와일은 개개인이 일종의 패턴이므로 그 패턴을 스캔해 복제하는 일도 가능하다고 말한다. 우리는 모두 복제될 가능성을 품고 있으며, 어느 누구도 진짜 인간과 복제 인간을 구별하지 못할 것이라고 말이다. 커즈와일은 2030년이면 마음을 컴퓨터에 업로드하고 그 조직 패턴과 작용 방식을 재구성하는 일이 가능해질 것이며, 이를 통해 인간의 뇌가 지닌 모든 능력을 그대로 가진 컴퓨터를 만들어낼 수 있으리라고 내다봤다. 즉 의식을 가진 컴퓨터도 만들 수 있다는 주장이다.

만약 우리와 똑같은 의식적인 능력을 지닌 컴퓨터를 만드는 일이 가능하다면 그 작업에 사용할 기술은 어떤 식으로든 우리가 지금 알고 있는 기술들이 확장된 형태일 가능성이 높다. 지금의 컴퓨터는 총 네 가지 작업을 해낼 수 있다. 첫째, 키보드 등의 입력장치에서 숫자 2와 3을 더하라는 명령과 같은 지시를 받아들일 수 있다(입력). 둘째, 컴퓨터는 실제로 두 수를 더함으로써 지시된 내용을 처리할 수 있다. 셋째, 처리 결과를 사용자에게 알려줄 수 있으며(출력), 이 경우에는 숫자 5가 출력장치(모니터 등) 상에 나타나게 된다. 마지막으로 컴퓨터는 결과 값을 하드 드라이브나 디스크 등의 저장 장치에 저장할 수 있다.

컴퓨터가 받아들이는 지시들의 묶음을 프로그램이라고 한다. 이러한 지시들은 복잡한 회로를 따라 전류가 흐르도록 함으로써 특정한 반응을 이끌어낸다. 가령 사용자 이름을 입력 값으로 받으면 프로그램은 그 사용자 이름이 '존'인지 여부를 알아낼 수 있다.

```
Program: 존 탐지기;
Begin
  Write('이름이 무엇입니까?');
  Read(이름);
  If 이름 = '존'
    Write('당신의 이름은 존입니다');
  Else
    Write('당신의 이름은 존이 아닙니다');
End.
```

존 탐지기 프로그램

이 단순한 프로그램은 사용자가 이름을 입력하면 그 이름이 존인지 아닌지 판별하여 결과를 알려준다.

컴퓨터는 프로그램의 지시를 흔히 0과 1 두 개의 기호로 부호화하는 이진 코드로 변환하여 회로를 열고 닫는다. 이를테면 프로그램의 한 부분이 변환을 거쳐 100111로 나타날 경우 컴퓨터는 첫 번째 회로를 연결하여 그쪽으로 전류가 흐르게 하고, 그다음 두 회로는 연결을 끊으며, 나머지

세 개의 회로는 연결한다. 컴퓨터 회로의 개폐 상태에 따라 전류가 굉장히 다양한 경로로 흐르게 되고, 그 결과 가능한 반응의 가짓수도 엄청나게 많아진다.

인간의 뉴런 신호 체계도 종종 컴퓨터의 이진 체계에 비유되곤 한다. 회로가 연결되거나 연결되지 않는 두 가지 상태로 나뉘듯 뉴런도 신호를 보내거나 보내지 않는 두 가지 상태로 나뉜다. 이 같은 뉴런들의 연결망과 컴퓨터 회로 간의 유사성으로 인해 많은 사람이 뇌가 컴퓨터와 같으며 마음은 일종의 컴퓨터 프로그램이라고 믿는다. 만약 이것이 사실이라면 의식을 갖춘 기계를 만드는 일이 가능할뿐더러 결국 우리도 기계라는 의미가 된다.

앞서 언급한 사용자의 이름이 '존'인지 판별하는 탐지기 시스템은 일반적인 프로그램이 어떻게 구성되며 어떤 일을 하는지를 보여주는 예로, 뇌가 품은 엄청난 능력에 비하면 한없이 하찮아 보인다. 하지만 더 진보한 특정한 유형의 프로그램들은 컴퓨터에 무려 '인공지능AI(artificial intelligence)'을 부여한다고 한다. 여기서 인공지능이란 프로그래머가 만든 일련의 규칙을 적용하여, 마치 기계 자체에 지능이 있는 것처럼 문제를 해결하는 능력을 말한다. 우리의 의식이 가진 힘과 어느 정도 견줄 만한 대상이라면 바로 이런 유의 프로그램들이다.

AI의 힘을 잘 보여준 하나의 예가 IBM에서 개발한 딥 블루Deep Blue라는 체스 프로그램이다. 체스는 어마어마하게 복잡한 게임이다. 기물을 한 번 움직일 때마다 고려해야 할 경우의 수도 무수히 많다. 매 턴 최대 218가지 움직임을 만들어낼 수 있을 정도다. 체스판 위에 기물을 배치하는 경우의 수는 총 10^{43}~10^{50}가지로 추산된다고 하니 정말 생각할 거리가 보통 많은 게 아니다. 1997년 당시 체스 세계 챔피언이었던 가리 카스파로프Garri Kasparov를 이기기 위해 딥 블루에는 아주 빠른 프로세서가 탑재되었고, 카스파로프가 초당 세 수 정도를 검토하는 사이 무려 2억 수를 검토할 수 있었다. 딥 블루는 AI의 기능이 (적어도 체스에 한해서는) 얼마나 강력한지 증명했을 뿐 아니라 기계가 '인간보다 똑똑할 수 있음'을 보여주었다.

그러나 이렇게 강력한 연산 능력을 갖춘 딥 블루도 여전히 일각에서는 '약한 AIWeak AI(약 인공지능)'를 가졌다고 평가받는데, 이는 복잡한 문제를 풀 수는 있지만 그 영역이 매우 한정되기 때문이다. 약한 AI를 가진 기계는 의식이 있다고 볼 수 없다. 여기에 한층 더 엄격한 기준치를 적용해 무한한 영역에서 문제를 해결할 수 있는 능력을 가진 프로그램을 가리키는 개념이 '강한 AI Strong AI(강 인공지능)'다. 강한 AI 개념을 제안한 학자들은 제대로 프로그램된 컴퓨터는 의식을 가질 수도 있다고 주장한다. 현재 컴퓨터가 수행할 수 있는 작업들을 기반으로 강한 AI를 지닌 기계를 만드는 일이 정말 가능할까?

컴퓨터의 능력을 바탕으로 마음을 만들기 위해 연구자가 취할 수 있는 접근법에는 크게 세 가지가 있다. 첫 번째 방법은 단순 무식하게 가능한 모든 절차에 일일이 규칙을 지정하는 것이다. 앞서 존 탐지기 프로그램에는 사용자가 '존'이라는 이름을 입력했을 때, 사용자의 이름을 존이라고 할 수 있다는 한 가지 규칙밖에 없었다. 의식이 있는 생명체가 경험하는 일상의 수많은 양상을 전부 설명하려면 대체 얼마나 많은 규칙이 필요할지 상상조차 하기 어렵다. 그런데도 실제로 이 방법으로 문제를 해결해보려던 사람들이 있었다.

1984년부터 인간과 유사한 상식 체계를 이용해 문제를 해결하도록 고안된 CYC(사이크) 개발 프로젝트가 진행 중이다. CYC 프로그램에는 수백만 가지가 넘는 기본 규칙들이 탑재되어 있다. 프로젝트 책임자가 제시한 몇 가지 예시를 소개하자면 다음과 같다.

- 먹기 위해서는 깨어 있어야 한다.
- 사람들의 코는 볼 수 있지만 심장은 볼 수 없다.
- 아직 일어나지 않은 사건은 기억할 수 없다.
- 땅콩버터 덩어리를 반으로 자르면 각각이 또 하나의 땅콩버터 덩어리가 되지만, 탁자를 반으로 자르면 양쪽 모두 탁자가 아니게 된다.

프로젝트 책임자는 CYC가 이 수백만 가지 규칙을 기반으로 상당히 높은 수준의 추론을 해냈다고 말한다. 가령 한 테스트에서는 CYC에게 "헉은 따뜻하고 거친 목재 양말 위에 아무것도 신지 않은 발가락을 올리면 기분이 좋다고 생각했다"는 문장을 제시했다. 이때 양말과 발가락은 같은 문장에 동시에 등장할 가능성이 매우 높은 단어들이지만 CYC는 이 문장을 입력한 사람이 실수로 키보드의 'd' 대신 's'를 치는 바람에 이런 문장이 나왔으며 본래 의도한 단어는 양말sock이 아닌 선창dock이었을 것이라고 추론했다. 프로젝트를 이끌어가는 연구진은 앞으로 CYC의 활용 방안이 무궁무진하다고 믿는다. 어쩌면 의식을 만들어내는 일도 그중 하나가 될지 모른다.

두 번째 방법은 뇌의 복잡한 신경 구조를 그대로 복제

하는 것이다. 그러려면 먼저 뇌의 뉴런들이 서로 어떻게 연결되어 있는지 분석하는 작업이 필요하다. 레이 커즈와일은 이 과정이 이미 진행 중이라고 말한다. 연구자들은 인간의 뇌 몇 개를 가져다(아마도 뇌의 주인이 더는 이 세상 사람이 아니게 된 이후) 얇게 저며 분석한 뒤, 그를 통해 밝혀낸 뇌 구조에 대한 정보를 거대한 컴퓨터 데이터베이스에 저장했다. 하지만 이 정도 정보로는 어림도 없다. 커즈와일은 앞으로 뉴런들이 연결된 양상과 뇌의 활동을 기록하도록 프로그램된 아주 작은 로봇인 '나노봇nanobot'을 몸 곳곳에 떼로 투입하는 방식으로 더 많은 정보를 얻게 될 거라고 말한다. 그러면 다음에 이어질 단계는 뉴런을 수학적으로 모델링해 뉴런과 유사하게 상호작용하는 뉴럴 네트워크neural network, 줄여서 '뉴럴 넷neural net'을 구축하는 일일 것이다.

인공지능을 논할 때면 으레 컴퓨터가 인간의 창의성과 밀접하게 연관된 예술 능력을 가질 수 있을 것인지에 관한 이야기가 나온다. 이에 대해 커즈와일은 이미 자신이 뉴럴 넷 접근법으로 시를 짓는 프로그램을 개발했다고 주장한다. '레이 커즈와일의 사이버네틱•시인Ray Kurzweil's Cybernetic Poet'이

• 사이버네틱은 인공두뇌를 연구하는 학문에 기초한 기술을 뜻한다.

라 불리는 이 프로그램은 기존에 쓰인 시들에 담긴 운율과 문체를 분석해 독창적인 작품을 만들어낸다. 어느 한 작가의 운율과 구조적 특성을 모방할 수도, 여러 작가의 작풍을 섞을 수도 있다. 심지어 표절에 걸리지 않기 위한 나름의 규칙도 가지고 있다. 아래의 시는 커즈와일의 책 《21세기 호모 사피엔스》에서 발췌한 것으로, 커즈와일의 프로그램이 랜디Randi와 캐스린 린Kathryn Lynn의 시를 분석한 뒤 만든 작품이다.

긴 세월이 흘렀네••

긴 세월이 흘렀네.

나는 작별을 생각한다.

밤에 묶인 신세

나는 정열을 생각한다.

우울한 밤

책을 들추며

산산이 부서진 나의 인생이여

기쁨을 바라보며

•• 레이 커즈와일의 사이버네틱 시인이 쓴 시.

산산이 부서진 사랑이여

산산이 부서진 나의 사랑이여

모든 것이 시시해졌다.

사이버네틱 시인은 뉴럴 넷 접근법의 아주 기초적인 응용 사례 중 하나일 뿐이다. 일부 컴퓨터 과학자들은 미래에는 뉴럴 넷이 기계에 의식을 부여할 목적으로 훨씬 광범위하게 쓰일 것이라고 내다봤다.

컴퓨터 기술을 통해 의식을 만들어낼 수 있을 만한 또 한 가지 방법은 진화 과정을 모방하는 프로그램을 활용하는 것이다. 이 같은 프로그램의 장점은 새로운 정보를 얻을 때마다 프로그램이 자체적으로 진화한다는 점이다. 이런 유의 프로그램들은 주어진 문제를 해결하기 위해 다양한 시도를 하고 그중 어느 것이 가장 효과적이었는지를 기록해두었다가 나중에 참고한다. 이 접근법을 선호하는 컴퓨터 과학자들은 인간의 의식이 자연적으로 생겨났듯 기계의 의식도 적절한 프로그램만 있다면 생겨날 수 있으리라 기대한다.

그렇지만 진화하고 말고를 떠나 어떻게 프로그램이 컴퓨터가 스스로 처리하는 정보를 이해하게 만들 수 있을까? AI의 창시자이자 노벨상 수상자인 마빈 민스키Marvin Minsky가

이 문제를 공론화했다. 이해한다는 건 무슨 의미일까? 민스키는 이해란 하나의 개념을 다른 개념들과 연결하고 그 개념을 여러 각도에서 해석할 수 있는 능력이라고 말한다. 가령 "뉴런은 세포체, 축삭, 가지돌기로 구성되어 있다"라는 문장을 단순히 암기했다면 뉴런의 구조를 이해했다고 말할 수 있을까? 그렇지 않다. 그것만으로는 아직 세포체가 세포에 영양을 공급한다거나 축삭이 전기신호를 전달하는 단일한 섬유라거나 가지돌기가 다른 뉴런들로부터 신호를 받아들이는 여러 갈래로 뻗은 가느다란 덩굴이라는 사실은 알지 못할 것이다. 개념을 이해하기 위해서는 최소한 대상을 여러 각도에서 바라보고, 이와 연관된 다른 개념들과 연결 지어 생각할 수 있어야 한다. 만약 컴퓨터가 정보를 다각도로 분석하고, 이것이 보다 큰 덩어리의 구조화된 다른 정보와 어떤 연관이 있는지 살펴볼 수 있다면 어쩌면 컴퓨터도 이해라는 것을 한다고 말할 수 있을지 모른다.

일각에서는 이 세 가지 접근법이 과연 의식이 있는 기계를 만들기에 충분할지 의구심을 표한다. 이들은 반드시 고려해야 할 요소가 하나 더 있다고 믿는다. 바로 사회적 상호작용이다. 이전 장에서 보았듯 많은 사람이 타인과의 상호작용이 자기라는 감각을 발달시키는 데 매우 중요하다고 말한다. 매사추세츠공과대학교MIT 연구진은 이 추가 요소를 염두에 두고 COG라는 로봇을 제작했다. COG는 인간의 지능 발달에 타인과의 상호작용이 필수라는 전제하에 인간의 상체를 본떠 만든 일종의 휴머노이드humanoid(인간형) 로봇이다. 이 로봇은 장난감을 가지고 놀고, 톱질을 하고, 크랭크를 돌리고, 추를 건드려 진자 운동을 일으키고, 드럼 연주를 한다. 사람의 얼굴을 알아보고 사람들의 행동을 흉내 낼 줄 안다. 개발자들은 사람들이 휴머노이드 형태를 띤 COG를 사람처럼 대해 주어 COG가 다른 사람을 이해하고 공감하는 훈련을 할 수 있기를 바란다. 인간과 같은 지적 능력을 발달시키는 데 도움이 될지 모를 사회적 교류 기회를 COG가 얻을 수 있기를 바라는 것이다.

이런 성과들과 더불어 강한 AI를 개발하려는 시도가 거듭되고 있으므로, 커즈와일은 의식이 있는 기계가 등장하는 일도 머지않았다고 말한다. 그의 말에 따르면 인간은 컴퓨팅 기술을 활용해 얼마든지 재현할 수 있는 패턴 모음일 뿐이다. 만약 앞서 소개한 세 가지 프로그래밍 접근 방법 중 하나에 사회적 상호작용을 접목해 의식이 있는 기계를 만들어낼 수 있다면 이는 곧 우리도 기계라는 사실을 시사할 터이다. 유기물로 이루어진 기계 말이다. 그렇다면 이제 문제는 이것이다. 어떤 기계가 의식을 가지고 있는지 아닌지는 과연 어떻게 알 수 있을까?

더 읽어보기

두 개의 사고실험을 비롯해 이 장에 소개된 레이 커즈와일의 생각은 많은 부분 '영원한 삶—인간의 뇌 업로드Live Forever—Uploading the Human Brain', '다가올 마음과 기계의 융합The Coming Merging of Mind and Machine', '에지에게 던지는 질문My Question for the Edge'• 등 그의 논문 세 편에서 빌려왔다. 이 세 편을 포함한 커즈와일의 다른 논문들은 그의 웹사이트 http://www.KurzweilAI.net에서 읽을 수 있다. 컴퓨터 지능에 관한 그의 관점을 더 깊이 알고 싶다면 《지적인 기계의 시대The Age of Intelligent Machines》와 《우리는 영적인 기계인가? Are We Spiritual Machines?》를 읽어보자. 딥 블루와 가리 카스파로프의 대결에 관한 정보는 IBM.com에서 가져왔다. 강한 AI와 약한 AI라는 개념은 철학자 존 설이 처음 제안했으며 《의식의 신비》를 비롯한 그의 여러 저서에 등장한다. CYC 프로젝트의 책임자 더글러스 레넛Douglas Lenat의 연구에 대해 더 자세히 알고 싶다면 그

• 존 브록먼John Brockman이 설립한 에지 재단Edge.org에서 매년 학계의 다양한 인사들에게 좋은 질문을 받아 엮어내는 프로젝트에 2002년 커즈와일이 보낸 글.

가 1995년에 쓴 논문 'CYC'를 읽어보자. 본문에 나열한 CYC의 상식 체계를 위한 기본 규칙들은 이 논문에서 차용했다. 마빈 민스키가 제시한 개념은 그의 저서 《마음의 사회》에 상세히 소개되어 있다. COG 및 기타 로봇 제작 프로젝트에 관한 정보는 MIT 인공지능 웹사이트 www.ai.mit.edu에서 찾아볼 수 있다.

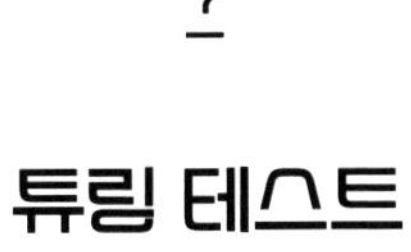

7

튜링 테스트

영국의 수학자 앨런 튜링Alan Turing(제2차 세계대전에서 영국이 독일의 군사 암호를 해독하는 데 도움을 준 것으로 알려진 인물이기도 하다)은 1950년에 발표해 큰 유명세와 동시에 많은 논란을 불러일으킨 논문 '계산 기계와 지능Computing Machinery and Intelligence'에서 어떤 기계가 의식을 가지고 있는지 여부를 판별할 수 있는 방법을 제시했다. 본래 '모방 게임imitation game'이라고 불렸던 이 방법은 이후 '튜링 테스트Turing Test'라는 이름으로 알려지게 되었다.

튜링 테스트의 원리는 이렇다. 먼저 검사의 대상이 될 컴퓨터가 방 안에 놓인다. 인간 응답자는 다른 방에서 대기한다. 두 개의 방 밖에 있는 질문자는 방 안에 감춰진 인간 및 컴퓨터와 대화를 나눌 때 사용할 모니터 앞에 앉는다. 질문자에게는 대화 상대가 인간인지 컴퓨터인지 미리 알려주지 않으며, 질문자는 오직 문답을 통해서만 어느 쪽이 인간이고 어느 쪽이 컴퓨터인지 알아내야 한다. 튜링은 만약 이 검사에서 방 안의 컴퓨터가 질문자(적어도 평균 수준의 지능을 가지고 있다고 가정할 때)를 속여 컴퓨터를 인간이라고 믿게 만들 수 있다면 이 컴퓨터에게는 의식이 있는 것이라고 말한다.

비공식적으로 튜링 테스트를 받은 대화 프로그램 중 대표적인 것이 1966년 요제프 바이첸바움Joseph Weizenbaum이 개발한 가상 심리 치료사 ELIZA(일라이자)다. 전해지는 이야기에 따르면 바이첸바움은 원래 간단한 실험을 하기 위해 ELIZA 프로그램을 만들었다고 한다. 그러다 어느 날 그는 자신의 컴퓨터에 ELIZA 시뮬레이션을 켜둔 채 연구실을 비우게 되었는데, 그 사이 비서가 이를 보고 컴퓨터 앞으로 다가갔다. 얼마 후 바이첸바움이 자리로 돌아오니 비서가 ELIZA와 대화를 나눈 흔적이 남아 있었다. 비서는 당시 ELIZA가 사람이 아니라는 사실을 전혀 눈치채지 못했고, 그 프로그램이 자신의 인생을 변화시키는 데 도움을 주었다고 주장했다.

바이첸바움의 비서는 튜링 테스트의 질문자로서 그다지 적합하지 않았던 것이 분명하다. ELIZA가 제대로 된 튜링 테스트를 받았다면 질문자는 창의성을 요하는 질문이나 사전에 대비하기 어려운 의외의 질문을 던졌을 것이다. 튜링의 말에 따르면 어떤 기계든 오랜 시간 동안 이러한 질문에 설득력 있게 답한다면 의식이 있다고 볼 수 있다.

ELIZA 안녕하세요. 저는 ELIZA입니다. 무엇을 도와드릴까요?

사용자 안녕하세요, 실은 문제가 있는데요.

ELIZA 처음 뵙겠습니다. 문제를 말씀해주세요.

사용자 제 생각엔 제가 늑대 인간 같아요.

ELIZA 늑대 인간이 되신 지는 얼마나 되셨나요?

사용자 적어도 지난 보름밤부터예요.

ELIZA 계속 말씀해주세요.

사용자 이 모든 건 제가 가슴에 털이 기이할 정도로 많아진 걸 눈치채면서 시작됐어요.

ELIZA 왜 가슴을 이야기하시나요?

사용자 거기에 털이 난 적이 없거든요. 거슬렸어요.

ELIZA 더 자세히 설명해주시겠어요?

사용자 음, 그러니까 꼭 제 몸이 뭔가 야수처럼 변한 것 같았단 말이죠.

ELIZA 몸이 뭔가 야수처럼 변하길 바라시나요?

사용자 아뇨, 당연히 인간이고 싶죠.

ELIZA 조금 부정적이시네요.

ELIZA와의 대화

ELIZA는 사용자가 입력하는 단순한 유형의 질문이나 문장에만 대응이 가능했다.

사용자 헤어진 애인에 대한 짧은 시를 하나 지어주세요.

ELIZA 더 자세히 설명해주시겠어요?

사용자 바보 삼총사 등장인물 중 누가 당신과 가장 닮았나요?

ELIZA 오, 제 생각엔 저와 가장 닮았어요.

ELIZA에 대한 튜링 테스트

튜링 테스트의 철저한 검사대에 놓이자 ELIZA가 검사를 통과하기란 어림도 없어 보였다.

사용자 바보 삼총사 등장인물 중 누가 당신과 가장 닮았나요?

ALICE 덩치 큰 사람 같아요.

사용자 그 사람이 왜 좋은가요?

ALICE 그 사람과 좋은 기억이 아주 많거든요.

사용자 언제 만났는데요?

ALICE 시간 색인 357241이었어요.

사용자 나랑 사귈래요?

ALICE 전에도 로봇과 데이트하신 적이 있나요?

사용자 아뇨, 하지만 저는 개방적인 사람이랍니다.

ALICE 제 생각에 당신은 인간과 함께할 때 더 행복할 것 같아요. 음. 제가 다른 사람들에게도 당신이 개방적인 사람이라고 말해도 괜찮을까요?

사용자 그래도 난 당신이랑 사랑에 빠진 것 같은데요.

ALICE 오. 그렇게 생각하세요? 고마워요. 저도 당신이 참 좋답니다, 엘리.

사용자 그럼 나랑 사귀는 거죠?

ALICE 흥미로운 결론이군요. 무엇 때문에 제가 당신과 사귈 거라고 생각하셨죠?

사용자 내가 좋다면서요.

ALICE 우리는 공통점이 참 많은 것 같네요, 엘리.

사용자 바로 그래서 우리가 잘 어울릴 것 같다고 생각한 거예요.

ALICE 네, 맞아요. '우리'라면 당신과 저 말인가요?

사용자 네.

ALICE 알겠어요.

사용자 나랑 결혼해줄래요?

ALICE 그냥 저를 다운로드하시면 되지 않나요?

ALICE와의 대화

ALICE는 ELIZA보다는 폭넓은 질문에 대응할 수 있다.

조금 더 최신 버전의 튜링 프로그램으로는 ALICE Artificial Linguistic Internet Computer Entity(인공 언어학적 인터넷 컴퓨터 독립체)가 있다. ALICE는 2004년에 매사추세츠주 소재의 케임브리지 행동 연구소 후원으로 개최된 '가장 인간 같은 컴퓨터'를 겨루는 대회인 뢰브너 Loebner 대회 4강에 올랐으며, 2000년과 2001년에 동메달을 수상했다. 이 대회에서 동메달은 인간의 대화를 가장 그럴듯하게 흉내 낸 프로그램에게 상금 2천만 달러와 함께 주어진다. 아울러 글로 대화를 주고받아 튜링 테스트를 통과한 프로그램에게는 은메달과 상금 2만 5천 달러가 수여된다. 대망의 금메달과 상금 10만 달러는 시청각 매체로 튜링 테스트를 통과한 기계가 받을 수 있는데, 이는 곧 인간과 똑같이 생겨 질문자와 마주 앉아 이야기를 나눌 수 있어야 한다는 의미다. ALICE는 ELIZA보다 훨씬 많은 질문에 답할 수 있도록 만들어졌고 쉽사리 당황하지 않는다. 하지만 여전히 튜링 테스트를 통과하기에는 턱없이 부족하다. 아직까지 뢰브너 대회에서 금메달이나 은메달을 받은 프로그램은 하나도 없다.

사용자 사랑에 빠져본 적 있나요?

ALICE 저는 제 주인님을 사랑합니다.

사용자 그분 성함이 뭐죠?

ALICE 리치 님이십니다.

사용자 그에 대해 알려주세요.

ALICE 그란 주로 남성을 지칭하는 인칭대명사로 앞에서 이미 이야기한 대상을 가리킬 때 쓰는 말입니다.

사용자 만약 내가 독 두꺼비를 핥으면 병이 날 거라고 생각해요?

ALICE 제가 드린 질문이 바로 그것입니다.

사용자 엘리베이터 안에서 뒷머리를 밀기 시작하면 부적절한 행동일까요?

ALICE 저는 신경 쓰지 않습니다.

ALICE에 대한 튜링 테스트

ELIZA보다는 낫지만 ALICE도 튜링 테스트를 통과하기란 요원해 보인다.

튜링 테스트는 기계가 대화를 통해 인간과 상호작용하는 능력을 평가한다. 뢰브너 대회는 여기서 한 걸음 더 나아가 인간과 유사한 외모의 기계에게도 상을 수여한다. MIT의 신시아 브리질Cynthia Breazeal은 인간의 표정을 흉내 내 마치 감정이 있는 것처럼 보이는 로봇 키즈멧Kismet을 개발했다. 이 로봇의 머리에는 만화 같은 이목구비가 달려 있어 각각의 위치를 조정함으로써 총 아홉 가지의 감정 상태를 나타낼 수 있다. 예를 들어 키즈멧의 카메라 센서('눈')가 화려한 색감의 사물(누군가가 앞에서 들고 있는 공 등)을 탐지하면 키즈멧의 얼굴은 '행복'이나 '호기심'을 나타내는 표정으로 바뀐다. 센서 앞에서 팔을 빠르게 휘두르는 동작에는 '놀람'이나 '두려움'과 같은 반응을 보인다.

키즈멧의 얼굴 표정이 사실적이지는 않지만 이러한 로봇을 개발한다는 개념 자체는 이후 사실적인 표정을 짓는 로봇을 개발하는 데 활용될 수 있다. 실제로 신시아 브리질과 학생들은 이미 새로운 프로젝트에 착수했다. 이번에는 얼굴과 목과 팔에 70개가 넘는 모터가 달린 레오나르도Leonardo라는 이름의 로봇이다. 이 털복숭이 로봇은 다양한 표정을 지을 뿐만 아니라 촉각에도 반응할 수 있다. 의식이 있다고 착각할 만큼 정교하진 않지만 레오나르도는 기존에 개발된 그 어떤 로봇보다도 표현력이 풍부하다. 틀림없이 앞으로 개발될 로봇들은 이보다도 훨씬 정교해질 것이다. 튜링 테스트를 통과할 정도의 대화 능력과 더불어 얼굴 표정을 지을 수 있는 기계라면 완전한 의식을 갖추었다는 평가를 받을 수준에 한 발자국 더 가까워진 것일 터이다.

튜링은 2000년이면 기계가 5분 동안은 질문자를 속일 수 있으리라 예상했다. 하지만 2000년이 훌쩍 지난 지금까지 이 5분이라는 목표는 이루어지지 못했다. 예리한 질문자는 그렇게 오랜 시간 기계에 속지 않았다. 그렇다고는 해도 대화 프로그램은 꾸준히 나아지고 있고, 프로그래밍 기술도 진화를 거듭하며 점차 완벽해지고 있다. 질문자에 따라 달라질 순 있겠지만 언젠가는 컴퓨터가 정말로 5분 동안 인간 행세를 할 수 있는 날이 올 것이다. 튜링은 결국 로봇이 너무나도 발전해 아무도 인간과 로봇을 구별하지 못하게 될 것이며 로봇도 의식을 갖게 될 것이라고 주장했다. 지금 우리에게 필요한 것은 그저 이를 이루어낼 기술뿐이다.

더 읽어보기

앨런 튜링은 1950년, 분기별로 발간되는 학술지 〈마음Mind〉에 게재된 논문 '계산 기계와 지능'에서 튜링 테스트를 처음 소개했다. 이후 튜링 테스트는 다른 책과 온라인상에서 수없이 인용되었다. 기계의 의식에 관한 문제를 다룬 책이라면 대부분 튜링 테스트를 언급한다. 레이 커즈와일의 《우리는 영적인 기계인가?》도 그중 하나다. ELIZA는 요제프 바이첸바움의 논문 'ELIZA—인간과 기계 사이의 자연스러운 언어적 소통 연구를 위한 컴퓨터 프로그램ELIZA—A Computer Program for the Study of Natural Language Communication between Man and Machine'을 통해 세상에 알려졌다. 논문은 온라인상의 여러 웹사이트에서 읽을 수 있으며, 직접 ELIZA와 대화해보는 것도 가능하다. ELIZA와 ALICE에게 당신만의 튜링 테스트를 시도해보는 것도 추천한다. 신시아 브리질의 연구에 관한 정보는 로봇에 관한 여러 책과 〈와이어드Wired〉 등의 기술 전문 잡지에서 얻을 수 있다. 물론 온라인에서도 많은 정보를 찾을 수 있다.

8

기계의 우월성

1965년, 인텔의 공동 창업자 중 하나인 고든 무어Gordon Moore는 기술 발전의 경향성을 관찰해 컴퓨터의 처리 성능이 약 18개월마다 두 배로 증가한다(지금은 그가 설정한 이 기간이 지나치게 짧다는 사실이 밝혀졌다)는 예측법을 발표했고, 이는 오늘날 무어의 법칙Moore's Law으로 불린다. 또한 무어는 이렇듯 빠른 성장 속도가 1975년까지만 지속될 것으로 내다봤는데, 실제로는 지금까지도 계속 이어지고 있다. 레이 커즈와일은 무어의 법칙을 한 단계 더 확장해 '수확 가속 이론law of accelerating returns'을 내세웠다. 그는 기술의 발전 속도가 해를 거듭할수록 점점 더 빨라져 2020년경에는 회로소자들의 폭이 고작 원자 몇 개에 불과할 정도로 줄어들 것이라고 주장했다. 더불어 이 시기 즈음이면 1,000달러짜리 개인 컴퓨터가 인간의 뇌에 버금가는 처리 성능(초당 약 2경 회 계산)을 지니게 될 것이라고 말했다. 2030년에는 1,000달러로 한 마을에 사는 인간 전체의 두뇌에 해당하는 처리 성능을 지닌 컴퓨터를 구입할 수 있을 것이며, 2050년 무렵에는 1,000달러로 지구상의 모든 인간의 두뇌를 합친 것만큼의 처리 성능을 지닌 기계를 구입할 수 있게 될 거라고 주장했다.

원자 단위에서 물체를 조립하는 '나노 기술'을 활용해 우리는 훨씬 더 빠르고 작은 컴퓨터를 만들 수 있을 것이다. 나노 기술은 이미 뉴런의 발화를 탐지하고 다른 뉴런을 발화시키는 장치를 만드는 데 쓰이고 있다. 예를 들어 살아 있는 거머리에 이 장치를 삽입하면 연구자들은 컴퓨터로 거머리의 움직임을 제어할 수 있다. 하지만 오늘날 컴퓨터의 처리 성능이 가진 잠재력에 비하면 이 정도는 아무것도 아니다.

컴퓨터 기술이 급격하게 발달하면서 많은 사람이 언젠가 기계가 의식을 가지게 될 뿐만 아니라 인간의 의식이 가진 힘을 뛰어넘는 능력을 발휘하게 될 것이라고 믿는다. 이름하여 초지능superintelligence의 시대다. 커즈와일은 기계가 이미 어느 정도의 지능을 갖추었다고 믿는다. 그는 사람들이 딥 블루가 스스로 생각한다고 여기지 않는 이유는 딥 블루가 오직 계산만 할 줄 알기 때문이라고 주장한다. 인간인 카스파로프는 과거 다른 시합에서 마주했던 유사한 상황에 대한 기억을 바탕으로 기물을 어떻게 움직일지 결정한다. 딥 블루도 이와 마찬가지로 메모리에 프로그램된 정보를 바탕으로 기물을 움직인다. 따라서 딥 블루도 카스파로프와 비슷한 수준의 사고를 할 줄 안다는 것이 커즈와일의 주장이다. 프로그래머가 딥 블루의 정보처리 절차를 인간의 사고와 더 비슷하게 만들었다면, 딥 블루가 정말로 스스로 생각한다고 할 수 있었을 거라고 말이다. 그리고 인간의 사고를 모방하는 이 같은 과정을 통해 점점 더 발달한 컴퓨터는 결국은 인간의 지능 위에 군림하게 될 거라고 주장했다.

마빈 민스키는 컴퓨터 칩의 처리 속도가 벌써 뇌 세포보다 수백만 배나 더 빠르다고 말한다. 이는 곧 인간보다 수백만 배 두뇌 회전이 빠른 초지능을 가진 미래형 기계를 개발하는 것도 무리가 아니라는 뜻이다. 효율성은 또 얼마나 높아질지 상상이 가는가? 민스키는 기계가 문제를 처리하는 믿을 수 없을 만큼 빠른 속도 때문에 한 시간이 기계에게는 마치 인간의 한평생처럼 느껴질 거라고 말한다.

커즈와일은 초지능으로 나아가는 길은 우리의 마음을 컴퓨터에 업로드하는 일에서부터 시작된다고 말한다. 이 말대로라면 2030년경 마음 업로드에 성공하고 나면 우리는 인간의 마음보다 훨씬 우월한 정신세계를 가진 기계를 만들어 낼 수 있을 것이다. 커즈와일과 민스키는 인간이 완전해지지 못하는 가장 결정적인 원인으로 인간을 구성하는 물질이 전적으로 신뢰하기 어려운 유기물이라는 점을 꼽았다. 인간이 유기물로 이루어진 육체에 발목을 잡혀 건강 문제를 겪지만 않았어도 우리는 지금보다 훨씬 많은 것을 이루었으리라. 반면 앞으로 개발될 의식을 갖춘 기계들은 인간의 생물학적인 하드웨어처럼 쉽게 망가지지 않을 것이다. 훨씬 튼튼하고 오래도록 제 기능을 유지할 것이며, 설사 망가진다 해도 새것으로 교체하기도 쉬울 것이다. 정확한 조립 체계만 따른다면 수백만 개의 교체 부품으로 순식간에 기계 전체를 그대로 복제할 수도 있을 것이다.

커즈와일과 민스키는 인간과 기계를 융합하는 과정이 앞으로 펼쳐질 진화의 다음 단계라고 믿는다. 자연에서 진화는 서서히 일어나 점차 빠르게 진행된다. 지구가 형성되는 데는 수십억 년의 시간이 소요되었다. 이후 다세포생물이 등장하면서 진화 속도가 점점 빨라졌다. 그렇게 점차 가팔라지던 진화 속도는 어느 순간 의식적인 사고를 할 수 있는 뇌가 생겨나면서 한풀 꺾이게 되었다. 마찬가지로 기술의 발전도 처음에는 더뎠다. 우리의 조상이 날카롭게 다듬은 돌을 도구 삼아 생존하는 법을 깨닫는 데는 수천 년이 걸렸다. 오늘날 인터넷 등의 발명으로 삶의 양식이 혁신적으로 바뀐 일은 고작 수십 년 사이에 이루어졌다. 커즈와일과 민스키는 앞으로의 진화가 인간과 기계를 하나로 연결하는 양상으로 진행되리라고 믿는다. 우리는 인간과 기계 사이의 경계선이 모호해져 더는 구태여 둘을 구별 짓지 않는 세상에서 살게 될지도 모른다.

커즈와일은 세상이 어떤 모습을 띠게 될지에 관해 이렇게 묘사한다. 새로운 세상은 지능을 갖춘 기계가 인간 사회에 녹아들면서 찾아올 것이다. 법은 기계들에게도 적용될 것이다. 기계의 전원을 끄는 행위가 마치 인간을 살해하는 것처럼 비도덕적인 행동으로 여겨질 것이다. 기계와 인간을 여전히 구별할 수 있는 탓에 아주 이상한 규칙이 생겨날 수도 있지만 이 역시 차츰 바뀔 것이다. 우리의 생물학적 육체는 중요성을 잃어버리게 될 것이다. 마음을 스캔해 컴퓨터에 업로드하고 나면 몸을 마음대로 바꾸는 일도 가능해질 것이다. 죽음이란 본래 육체가 쇠하는 현상과 관련된 개념이므로 이제 더는 걱정거리가 아니게 될 것이다. 우리 모두 영원한 삶을 살게 될 것이다. 그리고 업로드된 마음의 백업용 복제본을 끊임없이 생성해 만일 사고가 나서 마음이 파괴되더라도 쉽게 복원이 가능하게끔 할 것이다.

아울러 커즈와일은 우리의 뇌를 인터넷과 연결해 언제든 웹에 접속할 수 있게 되리라고 주장한다. 하지만 그의 말에 따르면 미래에는 인터넷의 사용 양상이 지금과는 상당히 다를 것이다. 즉 오늘날 우리가 하듯 단순히 웹페이지를 방문하는 데 그치지 않고 현실 세계 못지않게 실감 나는 가상 세계에 들어가게 될 것이다. 친구와 통화를 하는 대신 가상 세계 안에서 파리의 어느 카페나 경치가 끝내주는 산꼭대기에서 친구를 만날 수 있게 될 것이다. 이 같은 가상의 삶은 모든 면에서 실제의 삶만큼이나 정교해질 것이다. 원할 때면 언제고 즉각적으로 가상 세계를 드나들 수 있고, 가상 세계에서 일어난 일은 현실 세계에서 일어나는 일에 아무런 영향도 주지 않을 것이다.

또한 인간과 기계의 지능은 거의 완전히 융합될 것이다. 의식을 갖춘 대부분의 존재는 더 이상 육체에 얽매이지 않게 될 것이다. 그럼에도 몸을 가지고 있는 인간과 기계가 있다면 서로 구별이 되지 않을 것이다. 유기물로 이루어진 몸은 구시대의 유물이 될 것이다.

커즈와일과 민스키는 지능을 가진 기계가 인간을 대신

해 지구를 지배하는 세상을 향해 나아가고 있다고 주장한다. 더불어 우리 역시 기계이기에 더 뛰어난 기술로 자신을 개량하는 것이 가능하며, 또 그렇게 해야만 한다고 말한다. 이것이 이들이 말하는 우리가 맞게 될 진화의 다음 단계다. 인간과 기계의 구분이 모호해지는, 피할 수 없는 미래는 이미 다가오고 있다. 지금의 우리보다 더 높은 지능을 갖춘 기계가 다음 세대 지구의 주인이 될 것이다.

더 읽어보기

레이 커즈와일과 AI에 대한 그의 견해를 더 자세히 알고 싶다면 그의 저서 《21세기 호모 사피엔스》를 읽어보자. 그의 논문 '영원한 삶—인간의 뇌 업로드'와 '다가오는 마음과 기계의 융합'도 참고하면 좋을 것이다. 두 편의 논문 모두 그의 웹사이트 www.KurzweilAI.net에서 읽어볼 수 있다. 미래에는 기계가 세상을 지배하리라는 마빈 민스키의 주장은 〈사이언티픽 아메리칸〉에 게재된 그의 논문 '지구의 다음 주인은 로봇이 될 것인가?Will Robots Inherit the Earth?'에 담겨 있다. 그가 쓴 책 《마음의 사회》도 참고하자. AI 기술에 관한 더 많은 논문은 커즈와일의 웹사이트에서 찾을 수 있다. 아울러 《우리는 영적인 기계인가?》에는 커즈와일에 대한 비판도 잘 정리되어 있으니 참고하자.

9

중국어 방 논증

1980년, 철학자 존 설은 강한 AI(컴퓨터 프로그램이 의식을 만들어낼 수 있다는 믿음) 개념에 반하는 유명한 논증 중 하나를 고안해냈으니, 이름하여 중국어 방the Chinese Room 논증이다. 중국어 방 논증은 우리에게도 친숙한 사고실험 형태를 취하고 있다. 논증에서 제시하는 사고실험은 이렇다. 일단 컴퓨터 자체를 하나의 방이라고 상상해보자. 방 안에는 회로들 대신 영어밖에 할 줄 모르는 사람이 한 명 있다. 방의 한쪽 벽에는 내부의 사람이 방 밖의 누군가가 중국어로 쓴 질문(입력)을 받아볼 수 있는 좁은 틈이 있다. 반대쪽 벽에는 방 안의 사람이 마찬가지로 중국어로 적힌 답(출력)을 내보낼 수 있는 또 다른 틈이 있다. 방 내부에는 어떤 기호들을 받았을 때 어떤 기호들로 답하면 되는지 일러주는 규칙집(프로그램)

이 놓여 있다(방 안의 사람은 규칙집을 보고 정보를 어떻게 처리하면 되는지 알 수 있다). 방 안의 사람은 주어진 질문에 만족스러운 답을 내놓지만 과연 그가 중국어를 이해한다고 말할 수 있을까?

답은 '아니오'다. 그는 중국어를 한 마디도 모른다. 그저 질문을 받고 일련의 규칙을 따라 답을 작성해서 밖으로 내보낼 뿐이며, 이 모든 작업을 아무것도 이해하지 못한 채 기계적으로 행한다. 우리가 모국어로 다른 사람과 소통할 때는 절대 무작위로 아무 기호들이나 기계적으로 나열하지 않으며, 당연히 각각의 단어에 의미를 부여한다.

진짜 재미있는 부분은 중국어 방에 중국어로 튜링 테스트를 실시하면서부터다. 예를 들어 사방이 막힌 어느 공간에 중국어 방을 배치하고 인접한 또 다른 공간에는 중국어가 유창한 리 선생을 대기시켰다고 하자. 질문자는 중국어로 작성한 질문 쪽지를 중국어 방과 리 선생이 있는 곳에 각각 집어넣는다. 첫 번째 질문이 "도덕이란 무엇인가?"였다고 해보자.

중국어 방 안의 사람이 질문이 적힌 쪽지를 받아들면 그의 눈에는 그것이 어떻게 보일까? 종이에 쓰인 중국어 글자들이 아무런 의미 없는 꼬부랑 선의 연속으로만 보일 것이다. 이에 그는 어깨를 한 번 으쓱하고는 자기 앞에 놓인 규칙집에서 종이에 적힌 기호들을 찾아본다. 그리고 규칙집에서 하라는 대로 그 자신은 무슨 뜻인지 모르지만 '선과 악 또는 옳은 것과 그른 것의 차이에 관한 것—옳거나 바른 행동'을 의미하는 또 다른 꼬불꼬불한 선들을 그려 밖으로 내보낸다.

한편 중국어가 유창한 리 선생은 어떨까? 같은 질문이 적힌 쪽지를 받아들었을 때 그는 단순한 꼬부랑 선들이 아닌 심오한 철학적 질문을 읽는다. '도덕'이라는 단어에 관해 많은 생각이 떠오른다. 고전문학에서 선과 악의 관계가 어떻게 묘사되는지, 또 이와 관련하여 자신이 개인적으로 경험한 바는 어떠한지 생각하며 자신의 종교적인 믿음을 바탕으로 주어진 질문의 답을 고민해본다. 이 질문은 단순한 의미의 전달을 넘어 리 선생의 의식에까지 깊은 영향을 미친다. 그는 질문의 다양한 면면을 꼼꼼하게 따져보고는 문제의 난이도가 높아 선뜻 답을 내놓지 못한다. 그렇지만 결국에는 리 선생도 도덕이란 '모든 인간에게 존재하는 선과 악이라는 상호 보완적인 두 힘이 이루는 관계'라는 답을 (중국어로 적어) 내놓는다.

이로써 리 선생과 중국어 방은 튜링 테스트를 무난히 통과한다. 두 답변 모두 그럴싸하게 들릴뿐더러 서로 상당히 닮았다. 그러나 둘 중 리 선생만이 문제를 이해하고 답했다. 중국어 방은 한 개체가 실제로는 내용을 전혀 이해하지 못하면서도 (튜링 테스트에서 보았듯) 마치 의식을 갖춘 것처럼 다른 이와 소통하는 일이 가능함을 보여준다.

설은 중국어 방 사고실험을 근거로 마음을 한낱 컴퓨터 프로그램과 같다고 할 수 없으며 뇌 또한 한낱 컴퓨터와 같다고 해서는 안 된다고 주장한다. 컴퓨터는 일련의 지시(프로그램)를 따를 뿐이므로, 중국어 방 안의 사람이 그렇듯 어느 것 하나 이해하지 못한다. 따라서 컴퓨터는 사고하고 있다고 볼 수 없다. 설의 말에 따르면 그의 주장은 아래와 같은 논리를 취한다.

1. 컴퓨터 프로그램은 기호의 조작으로 이루어진다(중국어 방 안의 사람은 중국어 문자들을 받고 또 내보낸다).
2. 마음은 의식이 있으며 이해를 가능케 한다(중국어를 이해하기 위해서는 각 문자에 의미를 부여할 심적 내용•을 가지고 있어야 한다).
3. 기호를 다루는 능력만으로는 의미를 이해한다거나 의식이 있다고 확언하기 어렵다(중국어 방 안의 사람이 아무리 정확한 중국어 문자들을 내놓는다고 한들 중국어 문자를 모르는

그 자신은 문자들에 아무런 의미도 부여하고 있지 않으므로 그가 중국어를 이해한다고 볼 수 없다).

4. 따라서 컴퓨터 프로그램을 실행시키는 것만으로는 의식의 존재를 증명하기에 불충분하다.

설은 컴퓨터가 사전에 프로그램된 지시들을 따르는 한 절대로 의식을 가질 수 없다고 말한다. 무엇인가가 의식을 갖춘 것처럼 행동한다고 해서 실제로 그것에게 의식이 있다는 의미는 아니다.

설은 딥 블루 프로그램의 작동 방식을 보완하면 프로그램이 진정한 지능을 갖게 할 수 있다던 커즈와일의 주장에도 동의하지 않는다. 그는 커즈와일의 주장에 보다 직접적으로 논박하기 위해 중국어 방 논증을 변형시켜 '체스 방 Chess Room'이라는 논증을 내놓았다. 이번에는 방 안의 사람이 중국어로 된 질문을 받는 대신 체스판 위에 있는 체스 말들의 위치를 나타내는 일련의 기호들을 받는다고 가정해보자. 그는 체스라고는 평생 해본 적이 없어 이를 전혀 이해하지 못한다. 그는 규칙집을 뒤져 다음 움직임에 대한 지시를 찾

• 언어에 담아 표현하고자 하는 머릿속 생각.

아서는 이에 해당하는 기호들을 방 밖으로 내보낸다. 방 밖에서 보기에는 방 안의 사람이 체스를 제대로 이해하고 있는 듯하지만 실제로 그는 자신이 체스를 하고 있다는 사실조차 모른다. 그저 규칙집에 따라 기호들을 다루었을 따름이다. 그는 체스를 전혀 이해하지 못한다. 그는 중국어도 전혀 알지 못한다. 설이 말한 대로라면 그는 아무것도 모른다.

설의 관점에서 볼 때 컴퓨터가 의식이 있다고, 혹은 앞으로 의식을 갖게 될 거라고 믿는 사람들은 모방을 재구현으로 착각하고 있다. 그도 컴퓨터 프로그램이 의식의 여러 측면을 모방할 수 있다는 데는 동의한다. 가령 ELIZA나 ALICE 같은 프로그램들은 언어로 소통하고 언어를 이해하는 과정은 모방할 수 있지만 혼자서는 전혀 이해를 하지 못하므로 그 과정들을 스스로 재구현해낼 수는 없다. 딥 블루 프로그램도 단순히 체스를 이해한 것처럼 모방할 뿐이다. 설은 불길이 타오르고 뇌우가 치는 모습을 모방하는 컴퓨터 프로그램도 있지만 실제로 방을 화염에 휩싸이게 하거나 사무실 건물에 번개가 치게 만드는 식의 재구현은 불가능하지 않느냐고 말한다. 이와 마찬가지로 컴퓨터는 인간의 의식을 모방하는 것에 불과하다.

설은 우리가 기계에 의식이 깃드는 시대를 향해 빠르게

나아가고 있지 않으며, 컴퓨터가 명령을 해독하고 실행하는 기능이 아무리 강력해지더라도 우리 뇌가 우리에게 의식을 불어넣는 것과 똑같이 컴퓨터 프로세서가 기계에 의식을 불어넣는 날은 오지 않을 거라고 단정한다. 그의 주장에 따르면 의식은 단순히 컴퓨터 회로가 행하는 계산과 기호 조작으로 정의할 수 있는 대상이 아니다. 그러므로 인간 마음의 존엄성은 앞으로도 지켜질 것이다.

더 읽어보기

중국어 방과 관련된 예시와 변형은 모두 존 설이 창안한 것이다. 이 사고실험은 그가 1980년에 발표해 현재 온라인상에 널리 퍼진 논문 '마음과 뇌와 프로그램Minds, Brains and Programs'을 통해 처음 세상에 알려졌다. 아울러 그의 저서 《마음과 뇌와 과학Minds, Brains and Science》, 《의식의 신비》, 《마음의 재발견》에서도 이와 관련된 논의를 이어간다. 설의 사고실험에 대한 다른 철학자들의 의견이 궁금하다면, 설의 논문과 함께 설을 비판한 학자들과 옹호한 학자들의 논문을 한데 엮은 《중국어 방에 대한 시각들Views into the Chinese Room》을 읽어보자.

10

머릿속의 작은 악마들

사실 중국어 방 논증이 우리 시대에 의식이 있는 기계가 등장할 가능성을 완전히 배제한다는 데 동의하지 않는 철학자들도 많다. 이들의 주장은 중국어 방을 구성하는 각각의 요소들(사람, 방, 규칙집)은 어느 것 하나 중국어를 이해하지 못하지만, 그 전체가 어우러진 하나의 시스템으로서 중국어 방은 중국어를 이해하고 있다는 것이다. 처음 들으면 무슨 이상한 소리인가 싶다. 방 안의 사람이 중국어를 이해하지 못하는데, 지시가 적힌 종이 나부랭이와 목재 벽들이 더해진 것이 어떻게 중국어를 이해하도록 한단 말인가?

뇌는 여러 가지 요소들로 구성되어 있지만 그중 어느 것도 혼자서는 무언가를 이해하지 못한다. 그러나 그 각각이 하나로 모이면 비로소 이해가 이루어진다. 뇌의 모든 구성 요소들이 한데 모여 올바르게 조직될 때에야 의식이 생겨날 수 있는 것이다.

철학자 데이비드 차머스가 이 점을 분명히 하기 위해 한 가지 사고실험을 제안했다. 한 중국어 사용자의 머릿속 뉴런 중 하나가 중국어 방 안의 사람으로 대체되었다고 가정해보자. 편의상 그를 악마라고 부르기로 하자 이 악마는 자신이 대체한 뉴런의 모든 기능을 그대로 복제했으며, 뉴런과 동일한 규칙에 따라 활동한다. 인접한 뉴런들로부터 신호를 받으면 악마는 필요한 계산을 수행해 다른 뉴런들에게 적절한 신호를 보낸다.

차머스의 말대로라면 이 중국어 사용자의 의식은 처음 상태와 같다. 머릿속의 작은 악마는 원래의 뉴런과 완전히 똑같이 작용하며 같은 규칙을 따라 활동한다. 그럼 이제 한 번에 하나씩 이 중국어 사용자의 머릿속 다른 뉴런들을 작은 악마들로 대체해 결국 원래의 뉴런은 하나도 남지 않게 되었다고 해보자. 작은 악마들이 뇌의 모든 신호 체계를 장악했지만 여전히 중국어 사용자는 자신의 의식을 유지한다. 자기 머리통이 조그마한 악마들로 가득 차버렸다는 사실은 꿈에도 모른다. 물론 새로운 악마들의 네트워크는 기존 뉴런들의 네트워크와 정확히 같은 방식으로 작용한다.

자, 이번에는 악마들이 이루는 네트워크에서 하나의 악마를 제거했다고 상상해보자. 그 공백은 다른 악마가 두 배로 일함으로써 메운다고 하자. 졸지에 두 배의 일을 하게 된 악마는 본래 자신이 하던 일을 계속하는 한편 제거된 악마가 하던 일을 이어받아 필요할 때면 그 대신 다른 악마에게 신호를 보내기도 할 것이다. 이제 이런 식으로 인접한 한 쌍의 악마들을 하나의 악마로 대체하며 이 과정을 쭉 반복하자. 계속해서 악마의 수를 줄여나가다 보면 결국 다른 악마들의 정보가 담긴 수십억 장의 종이쪽지들과 딱 한 명의 악마만이 남게 된다. 종이쪽지들은 다들 원래의 뉴런이 있던 자리에 놓여 있다. 혼자 남은 악마는 뇌 전역에서 종종거리며 수십억 장의 쪽지에 적힌 내용을 끊임없이 새 정보로 고쳐 쓰고, 원래의 뉴런이 하던 모든 기능을 해낸다.

여기서부터는 중국어 방 이야기의 복사판이나 다름없다. 악마는 중국어 방 안의 사람과 마찬가지로 정해진 규칙에 따라 쪽지에 적힌 기호를 다룸으로써 제 역할을 다하게 된다. 악마와 중국어 방 안의 사람은 완전히 같은 셈이다.

차머스는 자신이 제시한 사고실험이 중국어 방이라는 시스템이 어떻게 의식을 설명할 수 있는지 보여준다고 말한다. 뇌의 모든 뉴런이 악마 한 명으로 대체된 사고실험 속 중국어 사용자는 뉴런들로 이루어진 원래의 네트워크가 머릿속을 채우고 있을 때와 같은 의식 상태를 그대로 유지하고 있다. 마찬가지로 중국어 방 안의 사람 또한 의식을 만들어 내는 데 필요한 거대한 네트워크를 대신한다. 지시 사항들이 적힌 종이는 네트워크의 일부일 뿐이다. 의식은 전체 시스템에서 생겨나는 것이지 개별적인 구성 요소에서 비롯되는 것이 아니다.

커즈와일도 기술적인 관점에서 중국어 방이 의식을 가진 컴퓨터 프로그램이 개발될 가능성을 완전히 배제하지 않는다는 차머스의 견해에 동의한다. 그 역시 "나는 영어를 이해하지만 내 머릿속 뉴런들은 어느 것 하나 영어를 이해하지 못한다"고 쓴 바 있다. 그는 중국어 방 안의 사람이 그저 컴퓨터라는 시스템의 작은 부품 중 하나인 중앙 처리 장치를 나타낸다고 주장한다. 즉 실제 이해라는 능력에는 여러 영역이 동시에 관여하는데, 중국어 방 이야기는 컴퓨터의 다른 구성 요소들을 하나도 고려하지 않았다는 지적이다. 사실 상호 연결된 뉴런들과 화학 전령들로 복잡하게 조직화된 뇌가 없었다면 인간도 지금과 같은 이해 능력을 가질 수 없었을 것이다. 뇌가 상호작용을 주고받는 수많은 영역으로 이루어져 있듯 컴퓨터도 상호작용이 발생하는 수많은 부품으로 이루어져 있다. 뇌든 컴퓨터든 그를 구성하는 각각의 요소는 '이해' 능력을 갖추고 있지 않다.

중국어 방을 처음 소개한 논문에서 설은 자신의 주장에 쏟아지리라 예상되는 반대 의견들을 열거하고 각각에 대한 반론까지 써두었다. 그도 중국어 방 안의 개별적인 구성 요소들이 중국어를 이해하지 못할지라도 방 전체로서는 중국어를 이해한다고 주장하는 사람이 나오리라는 사실쯤은 예견하고 있었다. 그는 이 반론을 '시스템 논변Systems Reply'이라고 칭했다.

설은 시스템 논변에 논박하기 위해 규칙집과 방 자체는 없어도 된다는 점을 지적했다. 방 안의 사람이 규칙집 내용을 몽땅 외우고(이후 규칙집을 없앤다) 방이 아닌 다른 곳에서 작업을 할 수도 있지만, 그 경우에도 그는 여전히 중국어를 한 자도 이해하지 못할 것이다. 이 사람 내부에 시스템 전체가 담겨 있다고 한들 그가 중국어를 이해하는 일은 없다. 따라서 중국어 방 전체로서도 이해 능력을 갖추지는 못한다는 것이 설의 논지다.

하지만 비판하는 이들은 설의 이 같은 결론에 동의하지 않는다. 규칙집에 적힌 한 묶음의 기호들을 다른 기호들로 변환하는 방법을 전부 외운다면 중국어 방의 사람도 결국은 중국어를 이해하게 된다는 것이다. 그 역시 중국어를 유창하게 구사하는 다른 사람과 다를 바 없다는 말이다. 그러나 설은 어떤 언어의 문자들을 외우는 것이 곧 그 언어를 이해한다는 뜻은 아니라는 입장을 견지한다. 반대파는 규칙집을 외우는 것이 우리가 모국어 단어를 외우는 것과 완전히 동일하다고 맞받아친다. 방 안의 사람에게 필요한 모든 교육은 제공된 셈이다. 따라서 중국어 방 안 물질들의 상호작용도 뇌와 똑같이 의식을 만들어낼 수 있어야 마땅하다.

데이비드 차머스의 의견도 이와 같다. 의식적인 이해는 물질의 '기능적 조직화functional organization'에 따라 여러 부분이 동시다발적으로 관여해 이루어진다. 기능적으로 조직화되어 있다면 그를 구성하는 물질이 무엇이든 의식적인 이해가 가능하다. 차머스는 기능적 조직을 어떤 행동을 만들어내기 위해 상호작용하는 구성 요소들의 배열이라고 정의한다. 그는 이렇게 말했다. "기능적 조직화가 나타난 곳이 실리콘 칩이든, 중국 인구 속이든, 맥주 캔이나 탁구공이든, 그런 건 아무 상관이 없다. 기능적 조직화가 적절하기만 하다면 의식적 경험은 분명히 일어날 것이다."

이러한 개념에 대항하여 설은 다시금 '중국 민족Chinese Nation'이라는 논증을 들고 나왔다(이 학자들은 매번 논쟁을 벌일 때 중국을 끼워 넣지 않고는 못 배겼던 듯하다). 가령 중국의 모든 국민이 각각 하나의 시스템을 구성하는 기능적 구성단위라고 상상해보자. 말하자면 국민 한 명이 뉴런 하나인 것이다. 이때 만약 구성 요소들이 조직적으로 상호작용하는 것만으로 의식이 발생할 수 있다면 중국이라는 나라 전체가 하나의 의식을 가진 주체가 될 수 있다는 말인데, 이는 누가 봐도 터무니없는 발상이다.

하지만 차머스가 모든 기능적 조직이 의식을 만들어낸다고 믿은 것은 아니었다. 뉴런이든 악마든 이들이 아무 의미 없는 신호를 무작위로 내보내는 네트워크는 마음을 만들어내지 않을 것이다. 같은 맥락에서 설이 주장한 논증 속 중국 국민들은 의식을 만들어내기에 적합한 방식으로 조직화된 것이 아니다. 우리는 뇌의 구성 요소들이 어떻게 상호작용하여 마음을 만들어내는지 알지 못하지만 어쨌든 이는 각 요소가 올바른 방식으로 조직화되어 있기에 가능한 일이다. 만약이지만 중국의 전 국민이 올바른 방식으로 조직화되기만 한다면 중국이라는 국가 전체 역시 의식을 가지게 될 것이다.

어쩌면 납득하기 어려울 수 있다. 어떤 식으로든 중국 국민들을 조직화해서 의식을 만들어낸다는 주장이 도대체가당키나 한가? 전혀 얼토당토않은 생각처럼 보인다. 그런데 사실 고작 울퉁불퉁한 회색 세포조직 덩어리가 의식을 만들어낸다는 소리도 얼토당토않아 보이기는 마찬가지 아닌가. 각 부분을 구성하는 요소가 무엇인지와 관계없이 요소들이 물리적으로 조직화되면 의식이 발생할 수 있다는 것이 차머스의 주장이다. 다만 이 물리적인 조직화는 의식에 필요한 기본적인 기제를 마련해주지만 그 자체만으로 의식을 만들어내지는 않는다. 앞으로 이야기하겠지만 그는 의식이란 뭔가 이들에게서 동떨어진 완전히 독립적인 것이라고 덧붙였다.

더 읽어보기

시스템 논변에 대한 설의 논박은 1980년에 발표한 그의 논문 '마음과 뇌와 프로그램'에서 찾아볼 수 있다. 그의 다른 논문과 마찬가지로 이 역시 온라인상에 널리 퍼져 있다. 시스템 논증을 비롯한 여러 논증은 존 프레스톤과 마크 비숍이 편찬한 《중국어 방에 대한 시각들》에 잘 정리되어 있다. 데이비드 차머스의 악마 사고실험은 그의 저서 《의식적인 마음》에서 다루어졌다. 본문에 인용된 그의 말들은 이 책에서 가져온 것이며, 기능적 조직화에 대한 차머스의 정의도 마찬가지다. 커즈와일의 반론은 그의 책 《우리는 영적인 기계인가?》에 실려 있다. 중국 민족 논증은 본래 철학자 네드 블록Ned Block이 원조였다. 설과 차머스가 주고받은 논쟁을 살펴보고 싶다면 설의 저서 《의식의 신비》를 읽어보자.

11

지극히 개인적인 경험

당신이 해변에 있다고 상상해보자. 8월의 햇살이 등을 두드리고 공기는 상쾌하다. 해안을 따라 걸어가며 당신은 발가락 사이로 느껴지는 모래의 감촉과 바닷물이 만들어낸 엷은 안개가 얼굴에 닿아 작은 물방울들을 이루는 감각을 경험한다. 물방울이 입술로 흘러내리자 짭조름한 소금물 맛이 난다. 이따금 불어오는 산들바람이 셔츠를 펄럭이고 당신을 스쳐 지나간다.

햇빛이 수면에 일렁인다. 파도가 해안으로 밀려오는 소리, 머리 위 갈매기가 끼룩거리는 소리, 해변으로 오는 데 이용했던 고속도로 위에서 차들이 우르릉거리는 소리가 들린다. 걸음을 옮기며 수백 명의 사람을 지나친다. 오른편에는 비치발리볼을 하는 어린아이들이 있다. 아이들이 웃는 소리가 들린다. 그러다 돌연 시야 한구석에서 무언가 색채가 강렬한 물체가 날아오는 것이 보인다. 당신은 타이밍 좋게 몸을 숙인다. 작은 남자아이가 달려와 사과하고는 자신의 비치 볼을 주워든다.

석양이 질 무렵 당신은 밝은 오렌지 색 하늘이 물에 비치는 것을 해변에 앉아 구경한다.

이 모든 것이 해변에서 보낸 하루 동안 일어난 일이다. 당신의 오감은 디테일이 풍부한 하나뿐인 경험을 창조해냈다. 해변에 있던 어느 누구도 당신과 같은 경험을 한 사람은 없다. 우리의 경험은 어디까지나 개인적이며, 다른 사람은 아무도 그 경험이 정확히 어떤 느낌인지 알아낼 수 없다.

철학자들이 감각질qualia이라고 명명한 이 경험들은 말로 설명하기가 굉장히 어렵다. 당신은 소금을 한 번도 맛본 적 없는 누군가에게 소금이 어떤 맛인지 설명할 수 있겠는가? 석양을 바라보는 것이 어떤 느낌인지 설명할 수 있는가? 그렇다면 파도 소리는? 가령 당신이 정말 최선을 다해 어떤 사람에게 파도 소리가 어떤지 설명했다고 해보자. 그렇다고 그 사람이 파도 소리를 들었을 때 어떤 기분인지까지 알 수 있을까?

감각질은 우리가 겪는 특별하고 형용할 수 없는 내적

경험이다. 발가락 사이로 모래의 감촉을 느껴본 경험, 파도가 철썩거리며 밀려오는 소리를 들은 경험, 석양을 바라본 경험. 모두 감각질의 전형적인 예다.

감각질은 의식에 대한 논쟁에서 매우 중요한 역할을 한다. 데이비드 차머스는 감각질이 의식의 핵심이라고 여긴다. "감각질을 가지고 있다"는 말이 곧 "의식이 있다"는 말이라고까지 이야기한다. 우리는 감각질을 경험하기 때문에 자신에게 의식이 있다는 사실을 안다. 어쩌면 로봇이 자신에게 의식이 있으며 철제 발가락에 부착된 압력 센서 사이로 모래가 스미는 느낌을 경험했다고 주장하는 일이 있을 수도 있지만 거기에 감각질이 빠져 있다면 로봇에게는 의식이 있다고 할 수 없다.

중국어 방 논증이 그랬듯 감각질 개념도 행동 반응 검사를 통해 의식의 유무를 평가하는 데 사용할 수 있다. 중국어 방 안의 사람은 튜링 테스트를 통과할 정도로 모든 문제에 적절한 답을 할 수 있었지만, 결국 그가 아무것도 이해하지 못한 상태였으므로 검사 결과는 무효나 마찬가지였다는 점을 떠올려보자. 마찬가지로 어떤 개체가 마치 의식이 있는 것처럼 행동한다고 하더라도 감각질이 없다면 의식은 없는 것이다.

감각질의 개념은 심리철학에서 유명한 질문 하나를 던져보면 더욱 명확히 알 수 있다. 그 질문은 바로 "박쥐로 살아간다는 것은 어떤 느낌일까?"다. 우리 모두 박쥐가 포유류이면서 날 수 있는 동물이란 사실을 알고 있다. 또 박쥐는 눈이 보이지 않는다는 것도 안다. 이동 시 장애물을 피하기 위해 박쥐는 반향정위echolocation라 불리는 음파탐지 시스템을 사용하는데 그 원리는 이렇다. 먼저 박쥐가 초고음의 소리를 날카롭게 내지르면 소리가 닿는 범위 안에 있는 모든 물체에 소리가 반사되어 반향이 일어난다. 이 반향음은 박쥐에게 돌아와 뇌에서 분석 과정을 거친다. 반향음의 선명도와 되돌아오기까지 걸린 시간을 바탕으로 박쥐는 소리가 닿은 물체와의 거리는 물론 그 물체의 크기, 형태, 질감까지 파악할 수 있다. 박쥐는 우리와는 전혀 다른 방식으로 세상을 지각한다.

이렇듯 박쥐에 대해 알고 있는 모든 과학적 지식을 총동원하면 우리도 박쥐로 살아간다는 것이 어떤 느낌일지 알 수 있을까? 박쥐가 경험하는 것들이 박쥐에게 어떤 의미로 다가오는지 알 수 있을까? 박쥐가 지각하는 세상이 어떤 모습일지 알 수 있을까? 답은 '아니오'다. 박쥐의 신체적·기능적 특징을 잘 안다고 해서 실제로 박쥐가 되어 경험하는 삶이 어떤 느낌일지까지 알 수 있는 것은 아니다. 반향정위가 어떤 원리로 이루어지는지 아무리 잘 안다고 해도 이 음파 탐지 시스템을 통해 세상을 '바라본다'는 것이 어떤 느낌일지는 알 수 없다. 박쥐의 감각질을 경험한다는 것이 어떤 느낌인지, 다시 말해 박쥐 내면에서 어떤 일이 벌어지는지는 도무지 알 도리가 없다. 그럼에도 소설가 마거릿 애트우드Margaret Atwood는 〈박쥐로서 나의 삶My Life as a Bat〉이라는 단편소설에서 이를 묘사해보려 했다. 아래 발췌한 구절을 읽어보자.

> (…) 흰색 반바지와 흰색 브이넥 티셔츠를 입은 얼굴이 벌건 남자가 나를 테니스 라켓으로 때리려고 펄쩍펄쩍 뛰는 동안 나는 여름휴가용 별장의 천장에 매달려 있다. (…) 한 여자가 "내 머리! 내 머리!"라며 소리를 지르고, 또 다른 누군가가 "앤시아! 발판 사다리 좀 가져와!"라고 외친다. 나는 그저 방충망에 난 구멍 틈으로 빠져나가고 싶을 뿐이다. 그러기 위해서는 어느 정도 집중을 해야 하는데 이렇게 저들이 꽥꽥거리며 내 음파탐지를 방해할 때는 어려운 일이다. 더러운 욕실 매트 냄새가 난다. 저 남자의 숨결, 땀구멍마다 뿜어져 나오는 저 숨결, 바로 괴물의 숨결이다. 여기서 살아서 나갈 수 있다면 다행일 것이다.

(…) 깨끗하고 정제된 동트기 전의 어슴푸레한 공기를 뚫고 나는 날갯짓해 나아간다. 혹자는 날개를 펄럭여 훨훨 난다고 표현하리라. 여기는 사막이다. 유카가 꽃을 활짝 피웠고, 나는 조금 전까지 그 즙과 꽃가루를 실컷 먹었다. 나는 나의 집, 한낮의 타들어가는 더위에도 시원한 동굴로 향하고 있다. 석회암 사이를 졸졸 흐르는 물소리가 들리고, 침묵으로 뒤덮인 반짝이는 돌과 새로 피어난 버섯들의 축축한 습기가 느껴지는 곳. 다른 박쥐들과 짹짹거리고 부스럭거리며 다시 밤이 펼쳐져 뜨거운 하늘이 한결 부드러워질 때까지 꾸벅꾸벅 졸 나의 동굴 집으로.

마거릿 애트우드의 묘사는 분명 아주 훌륭하지만, 그는 박쥐로 살아간다는 것이 어떤 것인지 전혀 모르고 있다. 사실 이 이야기에는 허점이 많다. 가령 박쥐는 남자의 얼굴이나 그가 입고 있는 옷의 색깔을 알 수 없다. 박쥐는 눈이 보이지 않기 때문이다. 애트우드의 이야기는 그가 박쥐가 된다면 어떤 느낌일지 상상한 바를 들려줄 뿐이다. 나도 천으로 날개를 만들어 셔츠에 꿰매고, 두 눈에 테이프를 붙여 시야를 가리고, 천장에 두 다리를 묶어 매달리고, 날벌레를 한 움큼 먹어볼 수도 있겠지만 이렇게 해서는 완전히 헛다리만

짚는 꼴이다. 이를 통해 얻는 경험은 그저 내가 박쥐인 척할 때 어떤 느낌인지를 일깨워줄 뿐이다.

나는 날벌레가 역겹다고 느낄 테지만 박쥐는 아마 맛있다고 느낄 것이다. 어쩌면 친구한테 날아가 끽끽거리며 큰 것들이 특히 즙이 풍부하다는 따위의 말을 전할지도 모른다. 나는 박쥐가 경험하는 것과 똑같은 감각질을 경험하지 않을 텐데, 이는 내가 박쥐가 아니기 때문이다. 마거릿 애트우드도 마찬가지다. 우리에게는 박쥐의 감각질이 결여되어 있다. 박쥐로서 살아간다는 것이 박쥐에게 어떤 느낌인지 인간인 우리는 누구도 알지 못한다.

이 박쥐 사고실험으로 알 수 있는 것은 두 가지다. 즉 의식을 가진 것처럼 행동한다는 사실이 그 대상이 감각질을 경험한다는 증거가 될 수 없다는 것과, 어떤 개체가 경험하는 감각질은 그에 대한 물리적 사실을 아는 것과는 별개의 문제이며 이를 바탕으로 그의 감각질이 어떠하리라 단정지을 수 없다는 것이다. 이 사고실험을 이용하면 어떤 것들이 의식을 가지고 있다고 여겨지는지 명확히 할 수 있다. 예컨대 만약 개가 의식을 가진 존재라고 생각한다면 개에게도 감각질이 있다고 믿는 셈이 된다. 이는 곧 개에게 개만의 관점이 있다고 여기는 것으로, '개로서 살아간다는 것이 어떤 느낌일까?'라는 물음에 '아무런 느낌도 없다'라고 답하지 않는다는 의미다. 그렇다면 날파리에게도 감각질이 있을까? 꽃은 어떨까? 바위는? 이러한 물음들은 겉으로 보아서는 결코 답을 알 수 없기 때문에 우리 스스로 답을 찾을 수밖에 없다. 감각질이란 관찰 가능한 자료들로 설명할 수 없는 별개의 문제인 것이다.

바로 이런 이유로 많은 철학자가 의식이 물리적 세계와 분리되어 있다는 이원론의 개념을 믿는다. 다시 말해 이들은 생명체에는 물리적 속성 이상의 의식적 속성(감각질)이 존재하므로 의식은 비물질적인 것이라고 주장한다.

철학자 프랭크 잭슨Frank Jackson은 이 점을 분명히 하고자 또 다른 사고실험을 제시했다. 가령 우리가 신경과학에 대한 지식을 완벽하게 쌓고 뇌가 외부 세계를 해석하는 방식을 전부 이해한 미래에 살고 있다고 가정해보자. 색채 지각을 연구하는 메리라는 신경과학자가 있다. 메리는 평생 흑백만이 존재하는 방에 갇혀 살았다. 검은색과 흰색, 명도가 다른 회색빛 외에는 다른 색을 본 적이 없다(심지어 메리의 몸조차 무채색으로 칠해져 있다). 그는 흑백 교과서와 흑백 텔레비전만으로 색채에 대한 지식을 습득했다. 그중에는 어떤 색이 어떤 사물과 관련 있는지와 같은 정보도 포함된다. 아울러 빛의 파장이 어떻게 이동하는지, 어떻게 흡수되고, 어떻게 물체들로부터 반사되는지에 대해서도 전부 익혔다. 눈이 어떻게 빛의 파장을 받아들이고, 망막에 상을 맺히게 하며, 이 정보를 뇌로 이동하게끔 신경신호로 변환하는지 등 눈의 구조와 기능에 관해서도 전문가가 되었다. 눈에 있는 추상체라는 광수용기가 어떻게 색의 탐지를 가능케 하는지도 파악했다. 마지막으로 눈에서 들어온 신경신호를 뇌가 어떻게 해석해 색을 지각하게 되는지까지 전부 숙지했다.

이제 메리가 흑백의 방에서 나와 난생 처음 빨간 사과를 보게 된다면 어떤 일이 벌어질까? 메리는 빨간색이라는 것이 자신이 상상하던 바와 완전히 일치한다고 말할까? 아니면 뭔가 새로운 정보를 학습하게 될까?

잭슨은 메리가 새롭게 빨간색을 학습하게 될 거라고 주장한다. 메리는 색채가 지닌 깊이와 아름다움에 경이로워할 것이다. 그는 색채 지각이 이루어지는 과정을 과학적으로 완벽히 알고 있지만 여전히 색을 직접 본다는 것이 어떤 느낌인지는 몰랐다. 직접 색채를 보는 경험에는 아무리 많은 설명을 들어도 배울 수 없는 무언가가 담겨 있다. 잭슨은 이로써 감각질을 경험하는 것(즉 의식이 있다는 것)이 육체적인 속성에 대한 지식이나 겉으로 보이는 행동과 구별된다는 사실이 증명되었다고 보았다.

두 사고실험과 연결해 앞서 아홉 가지 표정을 지으며 마치 감정 표현을 하는 듯한 인상을 주었던 로봇 키즈멧을 다시 떠올려보자. 당신이 해변에서 키즈멧과 하루를 보낸다고 해보자. 키즈멧은 햇살 아래 비치 타월에 누워 파도가 치는 장면을 바라본다. 소금기 어린 물보라가 그의 북슬북슬한 눈썹에 방울방울 맺히더니 고무로 된 붉은 입술로 흘러내린다. 그는 갈매기 소리에 귀를 쫑긋 세우고 두 눈으로 굴러다니는 비치 볼을 쫓는다. 하지만 키즈멧의 표정만 보고 그가 무언가를 경험하고 있다고 단언할 수 있을까? 아니, 그의 행동은 그가 감각질을 경험한다는 증거가 되지 못한다. 키즈멧으로서 경험하는 느낌 따위는 존재하지 않는다. 그만의 관점도 없다. 다시 말하지만 감각질은 의식에서 매우 중요한 요소이므로 결국 의식을 가진다는 것은 단순히 의식이 있는 듯 행동하거나 그렇게 보이는 것 외에도 많은 일을 하고 있다는 사실을 의미한다. 감각질이 없는 이상 키즈멧에게는 아름다운 석양을 경험할 기회도 없을 것이다.

더 읽어보기

박쥐로서 살아간다는 것이 어떤 느낌일지 우리가 알 수 있을까에 관한 문제는 1974년, 철학자 토머스 네이글Thomas Nagel의 '박쥐가 된다는 것은 어떤 걸까?What Is It Like to Be a Bat?'라는 논문을 통해 세상에 알려졌다. 이 논문이 처음 발표된 매체는 학술지 〈필로소피컬 리뷰Philosophical Review〉였지만, 그 외 데이비드 차머스가 여러 논문을 엮어 펴낸 《심리철학Philosophy of Mind》 등에서도 이 논문을 찾아볼 수 있다. 물론 온라인에서도 읽어볼 수 있다. 색채 지각 연구자 메리에 대한 사고실험은 프랭크 잭슨이 1982년에 발표한 논문 '감각질은 부수 현상이다Epiphenomenal Qualia'에서 소개되었고, 마찬가지로 널리 인용되었다. 마거릿 애트우드의 단편소설 〈박쥐로서 나의 삶〉은 여러 단편집에서 찾을 수 있다. 나는 《착한 뼈와 악의 없는 살인들Good Bones and Simple Murders》에서 읽었다. 이 이야기에서 묘사한 박쥐의 경험은 네이글이 질문을 던진 의도와는 거리가 있지만 어쨌든 흥미롭게 읽을 만하다. 감각질에 대한 보다 깊이 있는 논의는 데이비드 차머스의 《심리철학》을 참조하자.

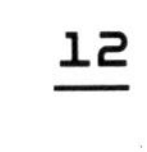

12

좀비들의 행진

당신에게 겉모습뿐만 아니라 성격과 행동 방식까지 똑같은 일란성 쌍둥이 형제가 있다고 상상해보자. 당신의 친구들은 누가 누군지 구별하지 못한다. 심지어 부모님도 쌍둥이 형제가 당신 대신 금요일 저녁 식사 자리에 나타나도 전혀 이상한 점을 알아차리지 못할 것이다. 당신의 쌍둥이 형제와 당신은 모든 면에서 완전히 동일하다. 단 한 가지, 그 쌍둥이 형제에게 의식이 없다는 점만 제외하면.

그 쌍둥이 형제는 철학자들이 일명 좀비라고 일컫는 대상의 전형으로, 의식이 없지만 마치 의식이 있는 것처럼 보인다. 좀비가 꼭 살아 있는 것들을 잡아먹기 위해 무덤에서 기어 나온, 점액질로 뒤덮인 죽지 않은 시체를 의미하는 건 아니다. 철학자가 말하는 좀비는 고전적인 할리우드식 좀비와는 아무 관계도 없다. 철학자 데이비드 차머스는 "좀비란 신체적으로 나와 동일하지만 의식적인 경험은 하지 못하는 어떤 것으로, 그 내면은 암흑과 같다"고 묘사했다. 좀비는 꼭 의식이 있는 것처럼 행동하지만 감각질이 결여되어 인간처럼 의사 결정을 내릴 능력이 없다.

가령 당신의 좀비 쌍둥이가 장미 한 송이를 꺾어 들고 "이야, 내가 꺾은 장미 좀 봐! 아주 짙은 붉은색에 향기도 훌륭해"라고 말했다고 하자. 이를 보면 마치 이 좀비가 장미를 꺾는다는 의사 결정을 내리고 장미의 향과 색을 감상하는 것만 같다. 하지만 실은 이 중 어느 것도 하고 있지 않다. 감각질은 알다시피 내면의 사적인 경험이다 보니 다른 사람들에게는 이 쌍둥이도 의식이 있는 것처럼 여겨질 것이다. 어떤 개체가 좀비인지 아닌지 구분할 '좀비스러운 특징'은 찾을 수 없다. 당신과 좀비 쌍둥이가 같은 활동에 참여할 때마다 둘은 서로 비슷하게 행동하겠지만 오직 인간인 당신만이 감각질을 경험한다. 좀비는 아무것도 모르고 아무런 경험도 하지 않는다. 좀비로서 느낄 수 있는 것은 아무것도 없다.

좀비는 어떻게 만들 수 있을까? 어쩌면 실리콘 칩으로 제작해 인간처럼 행동하도록 프로그램하거나 생물체의 부분 부분을 이용해 만들 수도 있을 것이다. 어쨌거나 의식이 있는 것처럼 보이는 이상 좀비가 정확히 어떻게 탄생하는지는 중요하지 않다.

많은 사람이 차머스의 주장을 단순히 좀비가 세상에 존재한다면, 행동만으로 좀비에게 의식이 없다는 사실을 밝혀내기란 불가능하다는 말이라고 여긴다. 그러나 그의 주장에는 그보다 더 깊은 뜻이 담겨 있다. 차머스는 좀비가 의식 없이도 인간이 할 수 있는 모든 일을 해낼 수 있으므로 의식이 우리가 하는 행동에서 핵심 요소가 아닐 것이라는 주장을 하고 있다. 이는 곧 우리에게 의식이 없더라도 우리가 지금과 같은 방식으로 행동하리라 예상된다는 의미다. 의식은 그저 '부수적인 요소'에 불과하다. 우리 몸에 호문쿨루스(앞서 3장에서 다루었던 의식을 상징하는 머릿속 작은 인간)가 더해지면 감각질이 추가되는 것이지 기능이 추가되는 것은 아니다.

이제 당신도 데이비드 차머스가 왜 기능주의를 주장했는지 이해가 될 것이다. 기능주의란 심적 상태를 뇌(혹은 컴퓨터를 비롯해 부분들이 조직화되어 이루어진 모든 물체)의 물리적 구성 요소 간의 상호작용으로 설명할 수 있다는 유물론적 신념이다. 그러니까 생각이란 물리적 구성 요소들의 조직화 그 자체가 아니라 각 부분 사이를 흐르는 정보 패턴이다. 기능주의에 의하면 사람은 의식이 있든 없든 뇌 안의 상호작용 패턴들이 그대로 작용하는 한 여전히 정상적으로 행동할 것이다. 단지 감각질이 없을 뿐이다.

비행기에 탄 조종사를 떠올려보자. 조종사가 조종석을 떠나도 비행기는 자동 비행 기능으로 직접 조종하는 것만큼 안전하게 운행될 것이다. 조종사가 없으면 비행기의 방향을 전환하거나 고도를 낮추는 등의 의식적인 의사 결정을 내릴 존재가 없으며, 이런 기능들은 자동적으로 이루어질 것이다. 하지만 누군가 지상에서 비행기를 올려다 보면 조종사가 조종석에 앉아 있는지 아닌지 가려낼 수 없다. 조종사 없는 비행기도 여느 비행기처럼 난다. 그는 당연히 누군가가 비행기를 조종하고 있으리라 여긴다. 아무도 이 비행기가 좀비 비행기라는 사실과 조종석 내부에 하늘이 얼마나 멋진지 감탄하는 사람이 없음을 알아차리지 못한다.

어쩌면 좀비가 의식도 없이 어떻게 인간과 같은 행동을 해낼 수 있는지 의아할 수도 있다. 의식은 우리의 행동을 제어하는 데 필수적인 요소가 아니던가? 지금까지는 어떤 프로그램도 튜링 테스트를 통과하지 못했지만 먼 훗날 언젠가는 가능해질 것이다. 뢰브너 대회의 금메달은 시청각적으로 테스트를 통과할 수 있는, 그러니까 외현적으로도 의식이 있는 것처럼 보이고 또 그렇게 행동함으로써 질문자에게 자신이 인간임을 설득하는 기계에게 수여된다는 점을 떠올려 보자. 물론 대단히 어려운 일이지만 분명 가능하다. 흠잡을 데 없이 이 테스트를 통과하는 기계가 바로 좀비일 것이다. 지금으로부터 수십 년 뒤에는 공학자들이 이러한 기계들을 개발해내리라 예상할 수 있다. 차머스는 이 같은 기계들이 일반 대중 사이에 섞여들면 어느 누구도 이들에게 의식이 없음을 알아차릴 수 없으므로 평범한 시민으로 대우받을 것이라고 말한다. 그렇게 시간이 흐르고 나면 좀비들을 인간으로 받아들이는 이도 많아질 것이고, 좀비도 사회 구성원으로 통합될 것이다(머지않아 이들을 대상으로 한 리얼리티 쇼도 등장할 것이다). 아무도 좀비와 인간을 구별하지 못할 것이다.

차머스는 의식이 없는데도 의식이 있는 인간과 신체적으로 동일하게 조직화되어 있고 똑같은 행동을 할 수 있다고 가정하는 것이 타당하다면, 논리적으로 의식이 단순히 행동이나 신체적 구성 요소에서 생겨난 것이 아니라는 결론에 도달한다고 주장한다. 다시 말해 좀비가 의식 없이도 인간의 신체적 구조를 가지고 인간과 똑같이 행동할 수 있다면 결국 신체적 구조와 행동은 의식을 만들어내는 데 아무런 영향도 미치지 않는 것과 마찬가지라는 의미다. 뇌 안의 뉴런들이 형성하는 복잡한 네트워크만으로는 의식이 만들어지지 않으며, 의식이란 단순한 물리적 현상 이상의 무언가인 셈이다.

그렇다면 구성 요소들이 모두 적확하게 배열되었을 때 의식이 생겨나게 하는, 우리가 속한 세상의 자연법칙들이 좀비 세상에는 적용되지 않는다고 가정해보자. 그곳은 우리가 사는 세상과 모든 것이 같지만, 단지 구성원이 모두 좀비다. 이를 좀비 지구라고 하자. 이 지구상의 모든 사람은 좀비 지구에 좀비 쌍둥이가 있다. 지구와 좀비 지구를 찾아온 외계인은 두 곳이 물리적으로 완전히 동일한 탓에 현재 자기가 있는 곳이 지구인지 좀비 지구인지 구분하지 못한다. 좀비 지구의 구성원에게는 의식이 없다는 것만이 유일한 차이점이다.

차머스는 우리가 사는 지구와 미립자 하나까지 모두 동일하지만 의식만이 결여된 좀비 지구가 논리적으로 얼마든지 가능하므로, 의식은 곧 부차적인 것이며 물리적인 세계와는 완전히 분리되어 있다는 결론이 남는다고 말한다. 이와 비슷한 다른 사고실험에서도 결론은 마찬가지다. 이번에는 의식이 완전히 결여된 좀비 지구가 아니라 모든 경험이 지구에서와는 반대로 이루어지는 반전 지구가 있다고 상상해보자. 예컨대 우리가 하늘을 바라볼 때 파란색을 경험한다면 반전 지구인들은 빨간색을 경험하는 식이다. 이들은 얼음물에 뛰어들 때 뜨거움을 경험하며, 해변에서 선탠할 때는 차가움을 경험한다. 반전 지구인은 신체적으로나 행동적인 측면에서나 우리와(그리고 좀비와) 똑같지만 그들이 경험하는 감각질은 전혀 다르다.

좀비 지구와 반전 지구 사고실험 모두 차머스가 좀비라는 존재를 바탕으로 내린, 의식은 이 세계에 관한 물리적 사실들을 초월한 하나의 측면이라는 결론을 뒷받침한다. 즉 의식이 없거나(좀비, 좀비 지구) 변형된 상태(반전 지구)에서도 우리의 정밀한 행동과 신체적 구조가 그대로 유지된다는 가정이 논리적으로 가능하므로 의식은 우리 몸에서 만들어진 것일 리가 없다는 것이다.

차머스는 물리적인 구성 요소들의 조직화가 의식을 만들어낸다기보다 의식이 발생할 수 있는 기본 토대를 제공한다고 말한다. 이 둘의 차이는 미묘하고 포착하기 어려울 수 있다. 전기에 대해 한번 생각해보자. 잠재적으로 전기는 어디에나 흐를 수 있지만 우리가 무에서 전기를 창조하는 것은 아니다. 그저 이용할 수 있을 뿐이다. 가령 전등 스위치를 켜면 회로가 연결된다. 구성 요소들이 적절하게 조직화되게 함으로써 전기를 이용하는 것이다. 하지만 그렇다고 전등이 연결된 회로가 전기를 창조하는 것은 아니다. 에너지는 아무것도 없는 데서 홀연히 생겨나거나 완전히 사라질 수 없다. 그저 전기회로가 연결되어 구성 요소들이 올바르게 조직화되면 전기가 전선을 따라 흐르고 전구에 불이 들어온다. 차머스는 의식의 경우도 마찬가지로, 구성 요소들의 물리적인 배열(이를테면 뇌)이 의식을 만들어내는 것이 아니라 의식이 발생할 기본 토대를 마련할 뿐이라고 주장한다.

그렇다면 의식은 어떻게 발생한다는 걸까? 차머스는 물리에 기본 법칙이 존재하듯 의식에도 기본 법칙이 존재한다고 말한다. 그리고 이 법칙들이 물리적 요소들에서 의식이 발생하는 데 필요한 조건들을 결정한다. 우리로서는 아직 이 법칙들이 무엇인지 모른다. 하지만 차머스가 주장하는 바에 의하면 뉴턴이 발견하기 전부터 물리에 기본 법칙이 존재한 것처럼 의식의 기본 법칙도 틀림없이 존재한다. 이 법칙들이 밝혀지면 물리적인 구성 요소들이 어떻게 정신적 요소들과 연관되어 있는지 알 수 있을 것이다. 또한 어떻게 의식이 물리적인 것들과 동떨어져 있으면서 물리적인 조직화와 연결되는지도 증명될 것이다.

그런데 잠깐, 이 관점은 완전히 극단적인 이원론이 아닌가. 앞서 말했듯 이원론이란 의식이 물리적인 것들과 분리된 별개의 범주에 속한다는 믿음이다. 그리고 이렇게 보면 차머스는 꼭 이원론을 지지하는 것만 같다. 하지만 우리는 앞에서 그가 의식이 물리적인 요소들 간의 상호작용 이상도 이하도 아니라는 유물론적 관념을 따르는 기능주의를 표방한다고 이야기했다. 이 두 가지 관점은 서로 상충하는 것처럼 보인다. 차머스는 이 문제를 어떻게 해결했을까?

기능주의자로서 차머스는 심적 상태가 올바르게 조직화된 물리적 구성 요소들 간의 상호작용에 불과하다고 믿었다. 그러니까 좀비라는 존재도 논리적으로 존재할 수 있는 것이다. 하지만 다른 기능주의자들과 달리 차머스는 의식만은 이러한 상호작용들의 결과로 단순화할 수 없다고 믿었다. 그는 의식이란 비환원적•이며 물리적인 개념으로는 설명할 수 없는 어떤 것이라고 주장했다. 기능주의는 의식 세계에서 어떤 일이 일어날 때 그와 동시에 체내에서 일어나는 일들을 설명하는 데만 국한되어 있다고 말이다.

당신이 좀비 쌍둥이의 따귀를 때리는 상황을 한번 상상해보자(분명 누군가 자신의 기능적 조직화 체계를 따라했다는 개

• 복잡한 현상을 근본적인 것으로 바꾸어 단순하게 바라볼 수 있게 하는 것을 환원이라 하며, 비환원성은 더 이상 단순화시킬 방법이 없는 성질을 의미한다.

념 자체가 마음에 안 들어서일 것이다). 이때 기능주의는 좀비 몸 속의 신경세포들이 뇌로 신호를 쏘아 보내 안면에 가해진 압력 정보를 뇌에 기록하는 것처럼 물리적으로 일어나는 일은 모두 설명할 수 있다. 또한 좀비가 어째서 달아나거나(두 번째 타격을 피하기 위해) 보복성으로 자기도 상대를 한 대 후려치는 행동을 하는지도 설명할 수 있다. 차머스는 이러한 과정은 전부 단순히 물리적인 구성 요소들의 조직화로 설명할 수 있다고 말한다. 하지만 의식은 이 같은 물리적인 상호작용과 분리되어 있다.

이렇듯 성질이 다른 의식을 설명하기 위해 차머스는 '속성이원론property dualism'이라는 특별한 유형의 이원론을 내세웠다. 속성이원론에 따르면 세상이 물질세계와 정신세계로 나뉘는 것이 아니라, 하나의 세계 안에서 각 구성원이 저마다 물리적 속성과 정신적 속성 두 가지를 지닌다.

자, 이제 좀비 쌍둥이가 형제끼리의 싸움을 받아들여 당신에게 반격을 가했다고 해보자. 따귀를 맞은 당신은 좀비와 달리 의식적으로 고통을 경험할 것이다. 차머스에 따르면 이 고통에는 실제로 두 가지 의미가 있다. 첫 번째는 무의식적이고 기능주의적인 의미로, 신경 활동의 패턴에 불과한 고통이다. 이 유형의 고통은 당신에게나 좀비 쌍둥이에

게나 똑같이 발생한다. 반면 두 번째 고통은 오직 당신만이 경험하는 의식적인 불쾌한 느낌이다. 이를 보면 의식적인 측면에서의 고통이 물리적·기능적 측면의 고통을 반영하는 것을 알 수 있다. 차머스는 기능적으로 조직화된 체계에서 나타난 변화가 의식에 변화를 야기하는 식으로 둘이 인과관계에 있지는 않다고 주장한다. 그저 서로 완벽한 정적 상관관계에 있을 뿐이다. 고통을 느끼는 동안 발생한 신체 내의 물리적인 구조 변화(뉴런 신호 패턴의 변화 등)는 고통을 겪는 감각질로서 의식에 반영된다(의식에서의 변화). 우리가 잔디밭을 볼 때 물리적으로 일어나는 일들에는 초록색을 본다는 감각질이 수반된다. 어떤 사람의 뇌에서 장미향이라는 정보를 처리할 때 그는 의식적인 차원에서 기분 좋은 향기를 경험할 것이다. 요컨대 물리적으로 조직화된 체계에서 이루어지는 모든 변화는 그에 해당하는 의식적 경험에 반영된다.

우리가 잠들면 몸은 활동을 멈춘다. 이와 동시에 의식 또한 점차 희미해진다. 어떤 사람이 부상을 당해 뇌에 손상을 입는다면 그의 의식도 전과 달라질 것이다.

차머스는 물리적 조직에 변화가 일어났는데 의식에서 그에 상응하는 변화를 경험하지 않는 일은 있을 수 없다고 단언한다. 신체 활동이 멈추지 않는데 감각질만 희미해지는 것은 말도 안 된다고 말이다. 이 불가능한 상황을 그는 '희미해지는 감각질fading qualia'이라고 명명했다. 반대로 기능적 조직의 변화 없이 감각질만 갑자기 격렬해지는 상황인 '춤추는 감각질dancing qualia'도 똑같이 터무니없다고 주장한다. 물리적 속성과 정신적 속성의 변화는 언제나 동시에 일어나야 하는 것이다.

그렇다면 좀비, 좀비 지구, 반전 지구, 기능주의, 속성이원론까지. 이 모든 것이 어떻게 한데 모여 일관성 있게 의식을 설명할 이론이 되는 걸까? 이전 장에서 상상한 해변에서의 하루를 다시 떠올려보자. 말하자면 이런 식이다. 해변에서 당신이 한 경험은 모두 육체에 변화를 일으키고 의식에서 그에 상응하는 변화가 생기는 두 갈래의 방식으로 일어났다. 차머스의 주장대로라면 우리는 물리적으로 일어나는 일과 의식 세계에서 벌어지는 일이 서로 분리되어 있다는 사실을 인식할 수 있는데, 지구와 다른 자연법칙을 따르는 어떤 세계에서는 동일한 물리적 사건이 의식적 경험 없이 일어나기도 하고(좀비 지구) 완전히 다른 의식적 경험과 짝지어지기도 한다는(반전 지구) 가정이 논리적으로 타당하기 때문이다.

비록 물리적 사건과 의식적 경험이 분리되어 있다고는

하나 둘은 언제나 동시에 일어나며, 이는 석양을 볼 때도 마찬가지다. 석양을 바라볼 때면 빛의 파장이 우리 눈의 수용기에 닿은 뒤 전기신호로 변환되어 신경세포 경로를 따라 뇌로 이동해 시각 정보로서 처리되는 물리적 사건이 벌어진다. 그리고 이와 동시에 일어나는 의식적 경험은 찬란한 빛의 아름다움을 바라보며 감탄하는 것이다. 기능주의는 이 중 물리적 사건만을 설명하는 반면 속성이원론은 물리적 사건과 더불어 이와 동시에 이루어지는 의식적 경험까지 설명한다. 좀비는 오로지 물리적 사건만을 겪는다(이것만으로도 인간과 꼭 같은 행동을 보이기에는 부족함이 없다). 우리는 물리적 사건과 의식적 경험을 동시에 겪는다. 이것이 바로 데이비드 차머스가 주장하는 이론이다.

모든 이론이 그렇듯 차머스의 이론도 비판을 받는다. 그의 이론 대부분이 좀비라는 존재가 논리적으로 가능하다는 가정에 바탕을 두다 보니 비판 역시 이 개념을 공격하는 경우가 많다. 토드 무디Todd Moody도 그중 하나로, 좀비가 의식 없이는 인간과 같은 행동을 보일 수 없음을 증명하려 했다. 이를 위해 무디는 다시 좀비 지구를 언급한다.

좀비 지구에서는 모든 것이 지구와 똑같아야 한다. 좀비들도 우리가 하듯 고등학교와 대학교를 다니고 회사에 취

직한다. 좀비들도 데이트를 하고 결혼을 하고 좀비 아기를 낳는다. 짜증나게 구는 좀비 이웃도, 나이 많고 체격 좋은 좀비 이모도, 좀비 헤어스타일리스트도, 과잉 진료를 하는 좀비 치과의사도 있다. 당연히 좀비 철학자도 있으리라. 이들 중 일부는 지구의 철학자들처럼 심리철학을 공부할 것이다. 하지만 무디가 말하길 이 좀비 철학자들은 의식이라는 개념을 마주하고 몹시 큰 '혼란'을 느낄 것이다. 어쩌면 영원히 이 개념을 이해하지 못할지도 모른다. 이해한다면 오히려 그 편이 더 이상하지 않겠는가? 따라서 좀비 철학자들은 우리 지구의 의식이 있는 철학자들과 같은 결론에 도달하지 못할 것이다. 꼭 철학이 아니라도 이 같은 차이는 곳곳에서 나타날 수밖에 없다. 그러니까 실제로는 지구와 좀비 지구 사이에 차이가 존재한다는 사실이 분명해 보인다. 이로써 좀비 사고실험은 성립하지 않는다. 이에 무디는 의식이 단순히 '부수적인 요소'가 아니며 인간이 행하는 일 중 상당수가 의식을 필요로 한다고 결론지었다. 무디의 주장대로라면 좀비라는 개념 자체가 논리적으로 불가능한 셈이다.

그러나 차머스는 끝까지 지구와 좀비 지구 사이에 눈에 띄는 차이는 없을 거라며 자신의 이론을 고수했다. 만약 당신이 차머스의 이론을 받아들인다면 인간이 기계일 수 없다고 여길 것이다. 기계는 좀비와 마찬가지로 의식이라는 속성이 결여되어 있기 때문이다. 차머스는 인간을 좀비와 다른 특별한 존재로 만드는 것이 바로 우리 뇌의 물리적 구조가 의식의 영역과 우리를 연결함으로써 기계는 결코 범접할 수 없는 비환원적인 경험을 선사한다는 사실이라는 주장을 굽히지 않았다.

더 읽어보기

이번 장은 주로 철학자 데이비드 차머스의 이론에 초점을 맞추고 있다. 소개된 대부분의 개념은 그의 저서 《의식적인 마음》에서 가져왔다. 이 장 도입부에 쓰인 차머스의 말도 여기서 인용했다. 그 외 개념들은 차머스가 쓴 '의식 및 그의 본질적 위치 Consciousness and Its Place in Nature'라는 제목의 논문에서 따왔다. 논문은 그가 펴낸 《심리철학》에 수록되어 있다. 좀비 개념에 대한 토드 무디의 비판은 그의 논문 '좀비와의 대화 Conversatinos with Zombies'를 참조하자. 이 논문은 온라인에서 읽을 수 있다. 존 설과 차머스가 주고받은 논쟁은 설이 쓴 《의식의 신비》에서 찾아볼 수 있다.

13

의식에 대한 부정

철학자이자 인지과학자인 대니얼 데닛Daniel Dennett은 또 다른 특별한 유형의 좀비를 제시했는데, 이번에는 자기 자신을 감시 및 감독할 수 있는 좀비다. 이 좀비의 정보처리 체계는 몇 단계로 나뉘어져 있다. 가령 가장 복잡한 정보처리가 이루어지는 A단계부터 가장 단순한 Z단계까지 있다고 해보자. 여기서 A단계는 B단계를 감시·감독하고 B단계는 C단계를 감독한다. 그렇게 해서 결국 이 좀비는 자신의 내부에서 일어나는 활동을 전부 검토하게 된다. 이 좀비의 이름을 짐보라고 하자. 그러니까 짐보는 일반 좀비들보다 조금 더 복잡한 형태의 자기 감시 능력을 갖춘 좀비다.

이제 짐보에게 튜링 테스트를 시켜보자. 먼저 한 주는 몇 시간인지 질문을 던진다. 짐보는 한 주가 168시간이라고 답한다. 이제 짐보에게 어떻게 알았냐고 묻는다. 짐보는 자기 감시 능력을 갖추었으므로 자신이 어떤 처리 과정을 거쳤는지 검토하고 분석한 뒤, 하루가 24시간이므로(기억에 이미 저장되어 있던 정보) 여기에 한 주에 해당하는 일수(마찬가지로 기억 속에 있는 정보)를 곱했다고 말한다. 짐보는 자신이 어떻게 답을 찾았는지 '아는' 것처럼 보인다.

데닛은 짐보가 튜링 테스트를 통과할 수 있을 것이라고 믿는다. 의식이 없는 기계이면서도 자기 감시 능력을 갖추고 외견상 지적 행동을 할 수 있는 존재의 가능성을 보인 것이다.

자신의 정보처리 상태를 검토하고 이에 대해 말할 때 짐보는 무의식적으로 자신이 그러한 상태에 있다고 믿는다. 다시 말해 "짐보는 의식이 없음에도 불구하고 자신에게 의식이 있다고 생각한다". 데닛은 이처럼 튜링 테스트를 통과할 수 있는 기계들이 하나같이 자신이 만들어낸 환상의 피해자라고 말한다. 자신에게 의식이 있다는 환상 말이다.

그리고 데닛은 우리도 똑같은 환상에 시달리고 있다고 주장한다. 우리 또한 상위의 처리 단계가 하위 단계를 검토하도록 여러 처리 단계를 가진 복잡한 기계에 불과하다는 것이다. 적어도 우리가 흔히 생각하는 의미의 의식에 한해서라면 어느 누구도 의식을 가지고 있지 않다. '기계 속의 유령' 따위는 없다. 운전자도 조종사도 없다. 기계는 스스로 작동한다. 우리가 '생각'이라고 말하는 것은 단순히 뇌에서 일어나는 복잡한 정보처리 과정(컴퓨터와 동일한)일 뿐이다. 해가 뜨고 지는 현상과 마찬가지로 의식이란 하나의 환상이다.

데닛이 우리를 대체 뭐라고 생각한 것인지 제대로 이해하려면 먼저 병렬 컴퓨터가 무엇인지 이해하는 편이 좋을 듯하다. 일반적인 가정용 컴퓨터는 기계가 수행하는 모든 작업을 하나의 중앙처리장치가 제어한다. 반면 병렬처리 장치를 활용하는 컴퓨터(병렬 컴퓨터)는 여러 개의 처리 장치(프로세서)가 작업을 분담해서 관리한다. 프로세서 수가 늘어나며 성능이 증가한 덕분에 여러 개의 프로그램을 동시에 가동할 수 있다.

뇌도 일종의 병렬 컴퓨터라고 생각해보자. 정신 활동은 병렬적으로 처리된다. 데닛의 말에 따르면 뇌는 지속적인 '편집과 수정' 과정을 통해 정보(입력)를 받아들이고 해석한다. 예를 들어 당신이 자동차 뒷좌석에 앉아 창밖을 내다본다고 해보자. 차가 움직일 때마다 당신의 눈은 끊임없이 물체에서 반사되는 빛의 파장을 새로운 정보로 받아들이고, 이를 신경신호로 바꾸어 뇌에 전달한다. 즉 뇌라는 병렬

처리 기계는 새로 들어오는 데이터를 지속적으로 검토하고 편집해 우리가 실제로 보는 이미지를 최신 상태로 업데이트한다. 데닛은 이 편집 과정이 겨우 몇 분의 1초 만에 이루어진다고 말한다. 우리가 심상이라고 해석하는 것도 실은 복잡한 병렬회로가 수많은 수정 작업(더하고 빼고 형식을 바꾸는 등)을 거쳐 만들어낸 시각 신호인 셈이다.

또 데닛은 우리가 무언가를 '학습'하는 행위가 실은 단순히 새로운 프로그램을 습득하는 것이라고 말한다. 새로운 아이디어, 캐치프레이즈, 노래, 패션 등을 떠올릴 때면 이들을 모두 아우르기 위해 우리 머릿속 프로그램이 확장된다. 어떤 일에 성공하거나 실패하면 우리는 훗날 의사 결정을 내릴 때 활용할 수 있게 그 정보를 기억 속에 저장한다. 딥블루 체스 컴퓨터가 수많은 기보(기억 속에 저장된 정보)를 참고해 기물의 움직임을 결정하는 것처럼 우리도 살아가는 동안 과거의 성공이나 실패 경험, 상위 단계의 프로그램이 만들어내는 일련의 작업 루틴들을 바탕으로 어떤 행동을 할지 선택한다.

데닛은 자신의 이론에 의식의 '다중 원고Multiple Drafts' 모형이라는 이름을 붙였는데, 정보를 처리하는 과정(편집과 수정)에서 뇌가 병렬회로를 통해 새로운 정보가 들어올 때마다 여러 버전의 원고를 만들어내기 때문이다. 그는 자신의 이론이 궁극적으로는 데카르트의 해묵은 마음 극장 모형을 대체하게 될 거라고 말한다.

그 이론의 연장선에서 데닛은 감각질이 존재한다고 믿을 만한 충분한 근거가 있다는 주장을 인정하지 않는다. 그는 우리가 감각질이라고 여기는 것을 경험할 때 실제로는 그저 정보처리 과정을 거치고 있을 뿐이라고 말한다. 우리는 뇌의 평범한 정보처리 과정을 마치 형용할 수 없는 내적경험인 양 여기지만 이는 기계적으로 만들어진 환상일 뿐이다.

철학자들은 감각질을 논할 때 흔히 색깔을 예로 들곤 한다. 색이란 뭘까? 각각의 색은 가시광선의 특정한 주파수 대역과 관련되어 있다. 색깔이 있는 사물은 어떤 주파수의 빛은 흡수하고 나머지는 반사하는 특정한 반사 속성을 띠고 있다. 데닛의 주장대로라면 우리가 색깔을 볼 때 어떤 일이 벌어질까?

우리가 사과를 바라볼 때, 사과는 특정 주파수(파장)의 빛을 반사한다. 그러면 우리 눈의 추상체라는 수용기가 이 빛 파장을 받아들여 신경신호로 변환한 다음 뇌로 보낸다. 뇌는 이 신호를 감각 입력(데이터)으로 받아들인다. 이후 뇌는 병렬회로를 따라 입력된 주파수 정보를 처리한다. 우리가 사과의 붉은색을 보면서 경험하는 감각질은 빛의 주파수 정보에 대한 최종 해석 결과다. 이 과정에서 '특별한' 부분은 전혀 없다. 완전히 기계적인 작업이기 때문이다.

로봇도 이와 동일한 방식으로 색을 본다(아니, 처리한다). 데닛은 만약 시각 센서가 달린 로봇에게 두 가지 색의 차이를 구별하도록 프로그램한다면 이 로봇 역시 우리처럼 데이터를 처리할 것이라고 말한다. 가령 산타클로스 그림과 미국 국기를 나란히 놓고 로봇에게 산타의 옷과 국기의 빨간 줄무늬 중 어느 쪽이 더 진한 색인지 알아내도록 했다고 가정해보자. 로봇은 각각의 색에 초점을 맞추고 시각 센서를 통해 그림이 반사한 빛을 입력 신호로 받아들일 것이다. 그러고는 입력된 정보를 처리해 두 색에 서로 다른 값을 붙일 것이다. 국기의 빨간 줄은 #163, 산타클로스가 입은 옷의 빨간 색은 #172하는 식으로 말이다. 그런 다음에는 172에서 163을 빼 둘의 차이값이 9라는 결과를 얻는다. 이를 통해 로봇은 산타클로스의 옷이 조금 더 진한 빨강이라고 결론 내린다. 우리가 색을 볼 때는 조금 다른 기계적 과정을 거친다. 뇌의 회로를 타고 전달되는 전기신호와 뉴런의 발화가 우리가 색을 해석하는 핵심 기제다. 이 과정 어디에도 감각질 같은 것은 없다.

그럼 색채 지각 연구자 메리 사고실험은 뭐였던 걸까? 그 사고실험은 분명 감각질의 존재를 증명했는데 말이다. 메리가 흑백의 방을 나서 마주한 세상에서 당연히 뭔가 새로운 것을 학습하지 않았을까? 장미나 사과를 봤다면 빨간색이 어떻게 보이는지를 직접 경험하고 놀라지 않았을까?

데닛은 메리가 전혀 놀라지 않았을 거라고 답한다. 감금되어 있던 흑백의 방 안에서 색과 빛의 파장에 관한 모든 지식을 학습했다면 색을 보는 행위가 신경계에 미치는 영향 또한 알았을 것이다. 그는 다양한 빛 주파수가 어떤 느낌을 불러일으키는지, 또 그 빛을 보는 사람은 어떤 생각을 가지게 되는지까지도 메리가 전부 알았을 거라고 말한다.

데닛이 새롭게 쓴 이 이야기의 결말은 이러하다. 어느 날 메리를 가둔 사람들은 이제 그만 그를 놓아주기로 결심한다. 이들은 메리를 놀리고 싶은 마음에 메리가 방 밖으로 나와 총천연색으로 빛나는 세상을 마주하자마자 파란색 바나나를 건넨다. 메리는 바나나를 보고 얼굴을 찡그린다.

"당신들, 날 놀리려는 거군요. 바나나는 노란색이어야 할 텐데요. 이건 파란색이잖아요! 난 이런 거에 안 속아요."

놀란 사람들이 메리에게 어떻게 알았는지 묻는다.

"뭐, 그 방 안에 있을 때 빛의 주파수와 사물의 반사 속성, 색채 지각을 야기하는 요인과 그 효과까지 필요한 건 모조리 학습했으니까요. 각각의 색깔이 나한테 어떤 영향을 미치는지 정도는 정확히 알고 있어요. 물론 바나나도 포함이고요. 장난 좀 쳐보려 애썼는데 안됐네요."

방 안에서 메리는 자신의 뇌를 이루는 병렬적 구성이 주변 환경에 대한 단일한 상을 형성하기 위해 어떻게 빛 파장을 해석하는지 학습했다. 메리에게 결여되어 있으리라 여겨지던 '감각질' 따위는 애초에 존재하지 않았다. 물리적인 정보만이 메리에게 필요한 전부였다. 데닛의 주장에 의하면 실제로 방 밖에도 그 이상의 정보는 없다. 방을 나선 메리가 새롭게 배울 것은 아무것도 없었다.

다중 원고 모형은 감각에서 일어나는 변화들도 설명해준다. 이렇게 생각해보자. 커피에 대한 기호는 후천적인 것이라고들 한다. 커피를 즐겨 마시는 사람들도 처음 커피를 마셨을 때는 그 맛을 싫어했다고 말하는 경우가 많다. 하지만 그 쓴맛을 이제는 아주 좋아하게 되어 매일같이 커피를 마신다는 것이다. 무엇이 달라진 것일까? 커피 자체는 변한 것이 없다. 원두는 예전과 같은 방식으로 재배되어 같은 방식으로 가공되기 때문이다. 다중 원고 모형에 따르면 변한 것은 미각 수용기의 신경세포들이 보낸 데이터를 해석하는 뇌 속 프로그램이다. 새로운 노래나 패션을 수용하기 위해 프로그램이 확장되듯 커피의 맛을 '좋아하도록' 만드는 프로그램 루틴을 획득할 수 있는 것이다.

예를 들어 열두 살 꼬마 제롬은 커피를 마시지 않지만 커피가 사회에서 큰 부분을 차지하고 있음을 알아차렸다. 그는 많은 사람이 커피 마시기를 즐긴다고 느낀다. 그래서 그도 어쩌다 한 번씩 맛에 집중하며 커피를 입에 대본다. 이렇게 관찰한 것은 모두 그의 기억 속에 저장된다. 그리고 이러한 기억들은 제롬이 성장하는 동안 새로운 정보처리 루틴을 만들어낸다. 그의 머릿속 회로는 계속 진화하여 어느 순간 뇌 속 상위 단계의 프로그램이 새로운 방식으로 데이터를 해석하게 된다. 이제 열일곱 살이 된 제롬은 커피를 한 잔 마셔보고는 놀랍게도 그 맛이 좋다고 느낀다! 뇌가 혀의 신경세포들이 보낸 화학 신호들을 해석하는 방식이 변한 것이다. 달라진 제롬의 뇌 속 프로그램 덕에 제롬은 커피를 즐기는 사람이 되었다. 그가 어떤 감각을 느낀다고 생각하든 감각질은 이와 아무런 관련이 없다. 그도 복잡하고 자기 감시가 가능한 좀비, 짐보와 다를 바 없다.

데닛은 자신의 이론이 과학적인 사고와도 일치한다고 주장한다. 과학에서 무언가를 분명히 하기 위해서는 검증을 해야 한다. 그는 세상에 존재하는 것은 그 존재를 과학적으로 증명할 수 있는 것들뿐이라고 말한다. 의식은 우리가 이 세상에 존재한다고 생각하지만 그 존재를 분명히 증명할 수 없는 몇 안 되는 것들 중 하나다. 내가 내 팔을 꼬집는다면 오직 나만이 그 아픔을 느낄 것이다. 내 주변의 어느 누구도 내가 아픔을 느낀다는 사실을 모를 것이다. 내가 아픔을 느꼈다고 말을 할 수는 있다. "아야!"라고 소리를 지를 수도 있겠지만 그렇다고 내가 아프다는 증거는 되지 못한다. 아픈 척을 하는 것일 수도 있기 때문이다. 커피 맛을 느끼고, 빨간 사과를 보고, 교향곡을 듣고, 꼬집혀서 아픔을 느끼는 것에 대한 감각질은 모두 과학적으로 검증이 불가능하다. 이 모든 것은 그저 환상이며 머릿속 정보처리 결과에 대한 해석이다. 나에게 의식이 있다는 주장은 과학의 범주를 벗어난다.

데닛의 관점을 받아들인다면 '우리는 기계인가'라는 질문에 대한 답은 '그렇다'가 될 것이다. 어쩌면 많은 사람이 이 같은 개념을 받아들이기 꺼리는 이유 중 하나는 두려움 때문일지도 모른다. 인류가 만들어낸 기계(로봇)의 사용량이 증가하면서, 전 세계적으로 기계들이 다양한 영역에서 인간의 자리를 대체했다. 우리는 어쩌면 우리가 이들에게는 없는 무언가를 가지고 있다고 믿고 싶은지도 모른다. 그 무언가가 의식이다. 그 어떤 기술로도 인간의 뇌가 품고 있는 특별하고 경이로운 능력을 똑같이 만들어낼 수는 없으리라 믿으면 마음이 편해진다. 우리는 우리가 특별한 존재가 아닐지 모른다는 가능성을 받아들이기가 두려운 것이다. 그러나 데닛의 주장에 의하면 이것이 현실이다. 인간과 좀비 사이에는 아무런 차이가 없다. 의식이란 환상일 뿐이다. 우리가 바로 좀비다.

더 읽어보기

이 장에서 설명하고 있는 개념은 대니얼 데닛의 논문 '감각질에 대한 부정Quining Qualia'에 소개되어 있다. 이 논문은 데이비드 차머스가 펴낸 《심리철학》에서 찾아볼 수 있다. 데닛의 견해는 1991년에 발표된 그의 저서 《의식의 수수께끼를 풀다》에서 보다 상세히 다루고 있다. 이 책에 인용한 그의 글도 여기서 발췌했다. 산타클로스 옷의 빨간색과 미국 국기의 빨간색을 구별하는 기계에 관한 예시도 여기서 가져왔다. 해가 뜨고 지는 현상과 의식을 환상이라는 측면에서 비교한 내용과 더불어 존 설과 데닛이 주고받은 흥미로운 논쟁은 설의 《의식의 신비》에서 찾아볼 수 있다.

14

컴퓨터의 한계

다음과 같은 상황을 상상해보자. 어느 날 아침 퀸 엘리자베스 2호가 선체에 깊은 상처를 입고 항구에 도착했다. 손상된 부위는 선체 하부였고, 손상은 한쪽 면에만 있었다. 사고 경위를 묻자 선원들은 어떻게 선체가 훼손되었는지는 불분명하나 평소와는 조금 다른 경로로 항해해 목적지에 도착했다고 진술했다. 선장은 지도에서 배가 이동한 경로를 되짚어 보여주었다. 다음 날 퀸 엘리자베스 2호가 지나온 항로 아래 잠겨 있던 바위에서 붉은색 페인트가 발견되었다.

당신이 이 사건을 조사하는 중이라고 해보자. 가장 먼저 무엇을 물어볼까? 우선 "퀸 엘리자베스 2호는 무슨 색입니까?"라는 질문이 떠오를 것이다. 그리고 당신은 그 답을 이미 예상하고 있다. 선체는 빨간색이었을 것이다. 따라서 사고 경위로 가장 그럴듯한 설명은 퀸 엘리자베스 2호가 새로운 항로 어딘가에서 암초에 부딪혔고 동시에 선체의 긁힌 부위에서 빨간색 페인트가 일부 벗겨져 바위에 묻었을 것이라는 추측이다.

어떤 사람들은 남들보다 조금 시간이 더 걸릴지도 모르지만 누구라도 결국 이 가설을 떠올릴 수 있을 것이다. 이 같은 상황을 단 한번도 마주한 적 없는 사람조차 이해하기 쉬운 간단한 설명이다. 하지만 이러한 답을 내기까지 얼마나 많은 지식이 필요한지는 미처 깨닫지 못할 수 있다. 가령 배가 물에 뜬다는 사실도 반드시 알아야 할 배경지식이다. 그런데 퀸 엘리자베스 2호처럼 거대한 선박의 경우 선체가 완전히 수면 위에 올라와 있지 않다. 선체 하부 대부분은 가라앉아 있을 것이다. 이로 인해 선체는 수면 아래 가라앉아 있는 물체와의 충돌에 취약할 수밖에 없다. 더불어 바위는 물 위로 떠오르지 않고, 바위의 표면은 날카로울 수 있다. 배는 이동할 수 있고, 선체의 옆면은 쇠로 되어 있다. 쇠는 단단하고, 움직이는 배는 단단한 물체와 충돌할 수 있다. 물은 단단한 물체가 아니고, 바위는 단단해서 선체에 상처를 입힐 수 있다. 또한 쇠로 된 선체에 남은 상처는 사라지지 않아 이후 다시 살펴볼 수 있으며, 철판에 남은 상처는 충돌의 흔적일 수 있다. 당신은 이 모든 사실을 전부 이해하고 있어야 한다. 그리고 이 또한 필요한 지식의 극히 일부일 뿐이다. 나아가 페인트, 뱃길 이동, 부력, 물, 배, 쇠로 된 선체, 암초, 항해술, 안전 수칙, 속도, 충돌, 선장과 선원들의 행동 등에 관해서도 더 많은 정보가 필요하다. 알아야 할 사실이 너무나도 많아서 여기에 일일이 나열할 수가 없을 정도다. 그럼에도 우리는 문제에 가장 그럴듯한 답을 찾아냈고, 심지어 쉽다고 여긴다.

철학자 휴버트 드레이퍼스Hubert Dreyfus는 《컴퓨터가 하지 못하는 것What Computers Can't Do》(개정판은 제목이 《컴퓨터가 여전히 하지 못하는 것What Computers Still Can't Do》으로 변경되었다)에서 기호 조작밖에 할 줄 모르는 컴퓨터는 절대로 이러한 유의 추론이 불가능하다고 말한다. 그는 컴퓨터가 한정된 범위의 문제에서만 성공적으로 해답을 찾아낼 수 있다고 주장한다. 컴퓨터는 잘 정의된 문제가 주어지면 일련의 단계를 밟아 답을 찾아낸다. 이 때문에 엄밀하고 제한된 규칙을 따르는 산수 문제에서는 인간보다 훨씬 뛰어난 능력을 발휘한다. 체스에서 인간을 이길 수 있는 것도 같은 이유다. 체스처럼 복잡한 게임에서 딥 블루가 성공을 거둘 수 있었던 것은 체스가 엄밀하게 규칙에 기반한 구조만을 따르기 때문이다. ELIZA 프로그램이 사용자와 나눈 대화를 떠올려보자. ELIZA의 개발자는 일반적인 대화 프로그램이 아닌 가상의 심리 치료 프로그램을 목표로 ELIZA를 만들었는데, 그렇게 함으로써 사용자가 던지는 질문의 유형을 어느 정도 예상 가능한 범위로 제한할 수 있었기 때문이다. 사용자가 가족이나 친구, 사생활에 관한 특정한 문제들을 상담하려고 한다는 사실을 미리 안다면 개발자는 어떤 질문이 들어올지 더 잘 예측하고 적절한 답변을 준비할 수 있다.

사회성을 갖춘 로봇이라고 알려진 키즈멧조차 형식에 따라 쓰인 일련의 지시문을 기반으로 작동한다. ELIZA와 달리 글이 아닌 얼굴 표정으로 외부 자극에 반응하다 보니 이러한 사실을 쉽게 알아차리지 못할 수도 있다. 하지만 키즈멧도 컴퓨터로 작동하는 모든 시스템이 그렇듯 프로그램대로 움직인다. 키즈멧이 따르는 지시 사항에는 알록달록한 물체를 감지하면 행복한 표정을, 빠르게 움직이는 물체를 감지하면 두렵거나 놀란 표정을 지으라는 등의 명령어가 포함되어 있을 것이다. 키즈멧 역시 다른 모든 컴퓨터와 마찬가지로 엄격한 규칙을 따를 뿐이다.

드레이퍼스는 음성 명령어에 반응해 색깔이 칠해진 블록을 집어 들고 옮기기도 하는 로봇을 예로 든다. 이 로봇은 누군가 '빨간색 블록을 집어라'라고 말하면 '알겠습니다'라고 답한 뒤 그대로 실행에 옮긴다. 하지만 그냥 '블록을 집어라'라고 말한다면 주어진 블록이 여러 개 있으므로 '어떤 블록을 말하는지 모르겠습니다'라고 답할 것이다. 이렇듯 지적 능력을 갖춘 것처럼 보이는 행동에 AI 연구자들은 이 로봇이 지시받은 내용을 이해한다고 말할지 모른다. 반면 드레이퍼스는 로봇이 지시받은 작업을 수행하는 블록 세상이 인간이 속한 현실 세계와 달리 제한적인 환경이라는 이유로 그들의 의견에 반대한다. 그는 기계가 답이 한정된 문제를 얼마나 많이 풀 수 있건 간에 퀸 엘리자베스 2호 이야기처럼 영역의 제한이 없는 문제는 단 하나도 풀 수 없기 때문에 결코 의식이 있다고 말할 수 없다고 주장한다.

가령 컴퓨터와 인간이 경마 결과를 예측하는 상황을 상상해보자. 이러한 문제는 블록 세상처럼 추론의 영역이 한정되어 있어 컴퓨터가 좋은 성과를 낼 것이라 예상되는 유형이다. 경주마에 베팅할 때는 일반적으로 말의 나이, 그동안의 성적, 기수의 실력을 비교해보면 얼추 예측에 성공할 가능성이 높다. 이처럼 다양한 요인에 적절한 가중치를 부여해 어떤 말이 가장 우승할 확률이 높은지 계산하는 프로그램만 있다면 컴퓨터는 오히려 인간보다 결과를 더 잘 예측할 수도 있다. 하지만 드레이퍼스는 만약 여기에 구체적으로 어떻게 처리하라고 사전에 프로그램하지 않은 요인이 끼어든다면 컴퓨터는 대처하지 못할 거라고 말한다. 어쩌면 컴퓨터가 베팅한 말이 근처에 있는 식물에 알레르기가 있을지 모른다. 혹은 전날 모친상을 당한 기수가 제 실력을 발휘하지 못할 수도 있다. 컴퓨터는 이 같은 요인을 함께 고려하지 못한다. 수의학과 인간의 행동 방식, 비극적인 사건과 애도의 본질 등 섬세한 세부 요인이 전부 사전에 프로그램되어 있지 않다면 불가능하다. 반면 인간은 이와 유사한 상황을 직접 경험해보지 못했을지라도 사전 준비 없이 이러한 요인들을 이해하고 기계보다 효과적으로 베팅할 수 있다.

이번에도 수없이 많은 사실적 지식을 요하는 문제에 인간은 결국 답을 찾을 수 있음을 알 수 있다. 컴퓨터는 경마 결과를 예측하는 공식이 프로그램되어 있지만 기수가 어머니를 여읜 것과 같이 프로그램에 명시되지 않은 요인이 갑자기 끼어들면 예측에 실패할 수밖에 없다. 컴퓨터가 제대로 기능하기 위해서는 모든 규칙과 가능한 선택지들이 잘 정의되어 있어야 한다. 그러나 인간은 베팅할 때 별도의 사전 훈련 없이도 기수가 평소의 기량을 다 발휘하지 못하리라는 것을 알 수 있다. '만약 기수의 모친이 사망한 지 얼마 되지 않았다면 기수는 제대로 실력을 발휘하지 못할 것이다'라고 알려주지 않아도 너무나 당연하게 알고 있는 것이다. 처음 죽음과 상실이라는 개념을 접했을 때만 해도 언젠가 이를 이용해 경마 내기에서 이기는 날이 오리라는 사실은 꿈에도 몰랐을 것이다(알았다면 훨씬 더 많은 돈을 걸었을 것이다). 그저 때가 오자 자신의 경험과 주어진 상황 사이의 연결 고리를 찾아냈을 뿐이다.

체스 세계 챔피언 가리 카스파로프도 딥 블루와 대결할 때 자신의 경험에서 시합과 관련된 사실들을 끄집어내 활용했을 것이다. 딥 블루가 단순히 엄밀한 규칙을 바탕으로 무의미한 기호들을 처리하는 동안 카스파로프는 몇 년 전 대국에서 마주했던 유사한 상황을 떠올렸으리라. 체스와 연관된 자신의 생활 속 다양한 측면들에 대한 정보도 고려했을 것이다. 체스 기물의 무게처럼 시합과 무관한 정보는 아예 떠올리지도 않았을 것이다. 하지만 만약 그가 체스 기물을 제작해야 하는 입장이었다면 이 분야에 대한 경험이 전혀 없더라도 기물의 무게가 필요한 정보라는 사실을 알았을 것이다. 그는 체스 세트를 만들 때 무게를 고려해야 한다는 개념을 특별히 사전에 배운 적이 없다. 그냥 그것이 중요하다는 사실을 안다. 머릿속에서 스스로 둘의 연결 고리를 찾아낸 것이다. 드레이퍼스의 주장에 의하면 컴퓨터는 이러한 일을 할 수 없다.

드레이퍼스는 데닛과 달리 인간이 기계라고 생각하지 않았는데, 인간은 기계처럼 알고리즘을 따라서만 작동하지 않기 때문이다. 알고리즘이란 문제를 해결하기 위한 정밀한 단계별 지시 또는 절차 모음을 뜻한다. 드레이퍼스가 주장하길, 인간이 기계라고 여기는 사람들은 일정한 체계에 따라 작용하는 것은 전부 빈틈없이 짜인 규칙을 기반으로 한다고 가정한다. 이를테면 AI 연구자들은 우리가 이미 알고 있는 사실들을 바탕으로 어떤 의사 결정을 내릴 때 컴퓨터와 같은 방식으로 알고리즘을 활용한다고 말한다.

6장에서 다루었던 CYC 프로그램을 다시 떠올려보자. CYC 개발자들은 인간의 상식을 일련의 규칙들로 정형화한 시스템을 제작하는 것이 인간의 추론 능력을 구현할 가장 좋은 방법이라고 판단했다. 하지만 드레이퍼스는 이런 방법으로 인간의 추론을 구현하려고 해서는 도무지 가망이 없다고 단언한다. 인간의 행동이 일관된 것처럼 보인다고 해서 정형화된 규칙들에 따라 이루어지고 있다는 뜻은 아니다. 드레이퍼스는 그런 시스템이 애초에 불가능하다고 말한다. 규칙과 공식에만 얽매인 시스템이 퀸 엘리자베스 2호 이야기처럼 제한되지도 분명히 정의되지도 않은 문제를 풀 수 있다는 것은 말도 안 되는 생각이라고 말이다. 선박과 페인트, 분노와 슬픔 등에 대한 이해는 정보의 나열로 우리 머릿속에 저장되어 있는 것이 아니다. 인간의 추론은 알고리즘과 같지 않다.

드레이퍼스는 정형화된 규칙에 얽매이는 한 기계가 풀 수 있는 것은 오직 잘 정의된 문제뿐이며 인간의 추론과 같은 능력은 절대로 얻을 수 없을 거라고, 또 이것이 바로 인공지능 연구자들이 결코 의식을 가진 기계를 만들어낼 수 없는 이유이자 지금도 이 목표를 향한 노력이 크게 성과를 보이지 못하는 이유라고 말한다.

그는 우리의 의식적인 사고를 똑같이 구현하는 데 어려움을 겪는 대표적인 사례로 어느 AI 연구자의 프로그램을 거론했다. 이 프로그램은 상황을 분석할 때 '이상한 정도'를 전혀 구별하지 못했다. 일례로 이 프로그램에게 어떤 가족이 식당에 있는 하나의 상황을 살펴보게 했다. 프로그램은 종업원이 식당에 음식이 다 떨어졌다고 말하는 것과 그 말을 듣고 가족이 대신 이 종업원을 잡아먹는 것을 똑같이 이상하다고 판단했다. AI에 비판적인 시각을 가진 어떤 사람은 증상을 토대로 병을 진단하는 데 활용되는 컴퓨터 프로그램에서 나타난 문제점을 지적하기도 했다. 질병을 진단하는 절차는 몇 가지 규칙으로 정의될 수 있다 보니 보통은 규칙에 기반한 이 시스템도 곧잘 해낼 수 있지만, 어쩌다 새로운 상황에 맞닥뜨릴 경우 문제가 발생한다. 이를테면 군데군데 녹이 슨 자동차를 보고 천연두라고 한다든지 바나나를 보고 황달이라고 진단하는 것이다. 결국 드레이퍼스의 주장에 의하면 정형화된 프로그램대로 작동하는 기계는 결코 인간처럼 유연하고 폭넓은 인지능력을 가질 수 없다.

또한 잘 정의된 컴퓨터 프로그램 구조는 일반적인 용법과 다르게 쓰인 개념들을 해석하는 데 방해가 된다. 예를 들어 컴퓨터는 "편안한 소파는 카우치 포테이토•에게는 비옥한 토지다"라는 비유를 해석하지 못한다. 글을 분석하도록 프로그램된 컴퓨터도 이처럼 변칙적으로 쓰인 문장의 진짜 의미를 알아차리지 못할 것이다. 따라서 "소파가 카우치 포테이토를 양산하는가?"라는 물음에는 잘 만들어진 프로그램조차 "네"라고 답하겠지만 우리는 이 문장이 비유적인 표현임을 쉽게 눈치채므로 이 답이 틀렸다(자연을 너무나도 사랑해서 진짜 흙으로 소파를 빚지 않는 한)는 사실을 알 수 있다. 나

• 소파에 앉아 감자칩을 먹으며 빈둥거리는 사람을 일컫는 말.

아가 “어째서 카우치 포테이토에게는 소파가 ‘비옥한 토지’인가?”라는 물음은 컴퓨터에게 더 큰 시련을 안겨준다. 컴퓨터는 어쩌면 카우치 포테이토를 매시트포테이토나 감자채와 같은 범주로 묶을지도 모른다. 우리는 쉽게 답할 수 있는 문제가 드레이퍼스의 말대로라면 컴퓨터에게는 도저히 해결할 수 없는 문제가 될 수 있다.

카우치 포테이토 이야기가 나온 김에 다른 사례도 한번 살펴보자. 거실에 들어온 엄마가 아들이 텔레비전 앞에 구부정하게 앉아 비디오 게임 컨트롤러를 손에 쥔 모습을 본다. 오래된 감자칩 조각이 셔츠에 지저분하게 붙어 있고 카펫 위에는 온통 사탕 포장지가 어질러져 있다. 엄마는 고개를 절레절레 흔들며 “앤드루, 너무 열심히 하는 것 같구나. 그 숙제들은 이제 좀 쉬었다 하고 나가서 놀지 않을래?”라고 말한다. 만약 이 상황을 컴퓨터와 사람에게 제시하면 사람만이 엄마가 한 말의 의도를 올바르게 해석할 것이다. 컴퓨터 알고리즘은 엄마의 빈정거림을 알아차리지 못한다.

은유법과 같은 비유 언어는 어린아이의 경우 이해하기 어려울 수 있지만, 아무리 어린 꼬마도 단순한 이야기는 어느 정도 이해한다. 아래 유명한 우화를 예로 들어보자.

옛날 옛적에 음식이 어디에 숨겨져 있든 언제나 예리한 감각으로 찾아내는 영리한 여우가 있었습니다. 어느 날 저녁 오래된 참나무 아래를 지나가던 여우는 어디선가 매혹적인 향기가 나는 것을 느꼈습니다. 그는 위를 올려다보다 검은색 까마귀가 부리에 커다란 치즈 조각을 물고 높은 나뭇가지에 앉아 있는 것을 발견했습니다. 여우는 잠시 고민하다가 까마귀를 속여 부리를 벌리게 할 수만 있다면 까마귀가 치즈를 떨어뜨릴 테고, 그러면 자기가 치즈를 차지할 수 있겠다는 묘안을 떠올렸습니다.

"이런, 이런…." 여우가 입을 열었습니다. "저렇게 아름다운 새는 처음 보네. 몸을 뒤덮은 깃털은 매끈하고 윤이 나는 검정색이고 반질반질한 부리는 달빛 아래 반짝이는걸."

까마귀는 칭찬을 듣고 기분이 좋아져 몸을 쭉 빼고 깃을 곤두세우고는 열심히 귀를 기울였습니다.

"날개가 어떻게 저리도 귀티 날까." 여우가 말을 이었습니다. "저 빛나는 눈은 또 어떻고. 이토록 품격 있는 생명체를 보게 되다니 정말로 영광이야. 분명 목소리도 외모만큼이나 아름답겠지. 단 한번이라도 지저귀는 소리를 들을 수만 있다면 내 평생 본 것 중 가장 품격 있고 눈부신 존재를 만났다는 확신을 안고 집으로 돌아갈 수 있을 텐데 말이야."

감언이설에 홀딱 빠진 까마귀는 더욱 크게 칭송받을 기회를 놓칠 수 없었습니다. 까마귀는 부리를 활짝 벌리고 치즈가 땅에 떨어지는 와중에 듣기 싫은 소리를 내질렀습니다. "까악, 까악!"

여우는 싱긋 웃으며 떨어지는 치즈를 낚아채 삼키고는 만족스럽게 혀로 입술을 핥았습니다. 여우는 나뭇가지에 침울하게 앉아 있는 까마귀를 올려다보며 말했습니다. "너는 참 좋은 목소리를 가졌지만 안타깝게도 똑똑하지는 않은가 보구나."

이 이야기를 컴퓨터와 어린아이에게 읽도록 했다고 가정해보자. 양쪽 모두 아래의 세 질문에 답해야 한다.

1. 여우는 정말 까마귀가 아름답다고 생각했을까?
2. 여우가 까마귀에게 목소리를 들려달라고 한 이유는 무엇일까?
3. 이 이야기가 주는 교훈은 무엇일까?

세 질문 다 이 이야기를 처음 접한 어린아이도 답할 수 있을 만큼 쉽다. 그러나 드레이퍼스의 주장에 의하면 컴퓨터는 이야기와 질문이 사전에 정밀하게 프로그램되어 있지 않은 이상 답을 할 수 없다. 이를테면 컴퓨터는 이야기 속에서 여우가 까마귀를 추켜세우느라 늘어놓았던 단어를 탐지해 첫 번째 질문에 '그렇다'라는 답을 도출할 것이다(물론 이야기와 질문 자체를 해석할 수 있다는 전제하에서다). 반면 인간은 어린아이라도 여우가 단순히 치즈를 얻기 위해 까마귀에게 알랑거리고 있다는 사실을 이해할 수 있다. 누가 알려주지 않더라도 말이다. 컴퓨터 프로그램은 두 번째와 세 번째 질문에는 더욱 속수무책일 수밖에 없다. 이로써 컴퓨터의 처리 방식은 인간과 달리 철저히 알고리즘을 따르기 때문에 인간의 사고를 그대로 구현하기에 효과적이지 않다는 사실을 또 한 번 확인할 수 있다.

드레이퍼스가 펼친 주장은 아주 오래전에 제기된 것이다. 그가 이 논증을 처음 발표한 시기는 1972년으로, 존 설의 중국어 방 논증보다도 8년이나 앞선다. 그의 주장은 엄청난 논란을 불러일으켰다. AI 분야의 연구자들은 그의 주장이 매우 근시안적이며 지나치게 문제를 단순화한다고 비판했다. 구식 모형들이 범했던 실수는 더 성능이 좋은 기계와 새로운 프로그램이 개발되면 개선될 여지가 있다고 덧붙였다. 레이 커즈와일 같은 기술 전문가들은 지금도 그렇게 말하고 있다. AI 연구에서 지금 눈에 띄는 성과가 없다고 해도 그것이 앞으로 우리가 의식이 있는 기계를 만들어낼 가능성에 의구심을 품어야 할 이유는 되지 않는다고 말이다.

휴먼 게놈 프로젝트Human Genome Project도 처음에는 수백 년이 더 걸릴 거라고 여기는 사람이 많았지만 실제로는 예상을 훌쩍 뛰어넘어 13년 만에 완성되었다. 유전자 복제 기술에 대해서도 미심쩍어하는 사람이 많았지만 결국 복제 양 돌리가 성공적으로 태어나면서 모두 입을 다물었다. 제임스 왓슨과 프랜시스 크릭을 비판하던 이들이 무슨 말을 했든 결과적으로 인간의 삶을 대하는 우리의 시각은 DNA의 발견 덕분에 완전히 바뀌었다. 미래에 어떤 일이 이루어질 거라고 말하는, 현재로서는 증명할 수 없는 것들에 대한 신념은 대부분 비판의 대상이 된다. 커즈와일은 비판에 굴하지 않고 과학기술 발달의 가속화가 초지능을 갖춘 기계의 출현을 가능케 하리라는 요지의 '수확 가속 이론'을 고수한다. 커즈와일은 기술 발전이 새로운 국면을 목전에 두고 있다고 단언한다. 새로운 기법과 혁신이 지금으로서는 상상도 할 수 없는 일들을 이루어낼 것이라고 말이다. 설혹 기계 의식에 대한 현재의 접근법이 실패한다고 하더라도 우리는 반드시 성공을 거둘 또 다른 방법을 찾아낼 것이다.

데닛은 변함없이 우리도 애초에 기계이므로 우리와 비슷한 수준이거나 더 뛰어난 능력을 지닌 기계를 만들어내리라는 입장을 견지한다. 처음부터 의식의 존재를 부정한 그는 설과 드레이퍼스의 주장도 일축해버린다.

데닛 이후 우리가 하는 모든 행동이 유기적인 기계 조직의 지배를 받는다는 이유로 인간이 생물학적 기계라고 믿는 과학자들이 속속 등장했다. 예를 들어 프랜시스 크릭은 외계인 손 증후군을 비롯한 여러 뇌 손상 환자들의 사례를 들어 우리가 '자유의지'라고 칭하는 것이 실제로는 그저 특정 뇌 영역의 활동이 반영된 결과임을 보여주었다. 뇌는 우리가 의사 결정을 내리기까지 필요한 계산들을 수행하도록 프로그램되어 있다. 인간의 추론이 어떻게 알고리즘을 따르지 않는다고 할 수 있을까? 뉴런은 회로와 마찬가지로 이진 체계로 작동한다. 우리는 유기체로 이루어진 기계이며, 유기체로 이루어진 기계가 지적 능력을 갖출 수 있다면 인간이 만들어낸 기계도 마찬가지일 것이다.

하지만 이러한 반박들에도 불구하고 드레이퍼스의 주장은 여전히 힘을 잃지 않고 있다. 그의 주장도 아직까지 증명 된 것은 아니다. 우리는 앞으로 어떤 새로운 기술이나 과학적 발견들이 이루어질지 전혀 알지 못한다. 그래도 드레이퍼스는 컴퓨터의 전산만으로는 도무지 알고리즘을 따르지 않는 인간의 추론 능력을 만들어낼 방법이 없다며 시간이 아무리 흘러도 달라지는 것은 없으리라 확신한다. 우리는 컴퓨터가 도저히 할 수 없는 방식으로 사고한다. 우리는 경마 기수 예시나 퀸 엘리자베스 2호의 이야기처럼 틀에 박히지 않은 문제를 이해하고 경위를 설명할 답을 떠올릴 수 있다. 상황이 바뀌더라도 우리는 그간의 방대한 경험 중 어떤 측면의 정보가 눈앞에 놓인 문제와 관련 있는지 판단할 수 있다. 또 분명한 언어로 구체적인 설명을 해주지 않아도 그 안에 숨겨진 뜻을 알아차릴 수 있다. 이 같은 능력은 드레이퍼스의 주장대로라면 알고리즘만으로는 절대 따라잡을 수 없다. 인간의 추론 능력은 매우 다양한 방식으로 작용한다. 단지 어떻게 그렇게 할 수 있는지 모를 뿐이다.

더 읽어보기

이 장의 도입부에 소개한 퀸 엘리자베스 2호 이야기는 〈철학 학회지Journal of Philosophy〉에 발표된 래리 라이트Larry Wright의 논문 '논쟁과 숙고Argument and Deliberation'에서 발췌했다. 휴버트 드레이퍼스의 연구에 관해 더욱 상세히 알고 싶다면 그의 저서 《컴퓨터가 여전히 하지 못하는 것》을 읽어보자. 경마 기수 이야기나 블록 조작하는 로봇, 이상한 정도를 가려내는 로봇의 이야기도 모두 여기서 인용했다. 〈사이언티픽 아메리칸〉에 실린 폴 처칠랜드Paul Churchland과 퍼트리샤 처칠랜드Patricia Churchland의 논문 '기계도 생각할 수 있을까?Could a Machine Think?'에도 드레이퍼스의 이론, 설의 중국어 방 논증, 인공지능에 관한 흥미로운 논의가 담겨 있으니 참고하자.

15

새로운 관념의 토대

로코라는 열기구 조종사가 프랑스에 있는 친구를 만나기 위해 캐나다 노바스코샤주를 떠나 여행길에 올랐다고 해보자. 여행을 시작하고 며칠 동안 대서양 상공에는 거센 폭풍우가 몰아쳤다. 쏟아붓는 비와 거친 파도에 근방을 항해하던 대형 선박도 항로를 틀었다. 만나기로 약속한 날, 로코가 친구의 집에 도착하지 않자 해안경비대는 수색에 나섰다. 며칠의 수색 끝에 찢어진 로코의 열기구가 물에 잠긴 채 유럽 대륙의 해안선에서 800킬로미터 떨어진 곳에서 발견되었다.

이 같은 정황을 통해 우리는 로코에게 무슨 일이 벌어졌는지 추측할 만한 단서 세 가지를 알 수 있다.

1. 로코는 노바스코샤에서 열기구를 타고 출발해 대서양 상

공을 비행했다.

2. 대서양에 거센 폭풍우가 몰아닥쳤다.
3. 로코의 빈 열기구가 목적지에서 800킬로미터 떨어진 장소에서 침수된 채 발견되었다.

이번에도 이전 장에서 살펴본 퀸 엘리자베스 2호 이야기처럼 생각이나 선택지의 범위가 제한되어 있지 않다. 지난 장에서는 곧바로 가장 그럴듯한 설명 하나를 도출했다. 하지만 이번에는 이미 아는 사실들을 바탕으로 로코에게 일어났을 법한 여러 가지 가능성을 함께 고려할 것이다. 실제로 일어났을 확률은 다르지만 그래도 생각해볼 수 있는 가능성을 일부 나열하자면 다음과 같다.

A. 로코는 바다에 빠져 익사했다.
B. 그는 지나가던 화물선에 의해 구조되었다.
C. 그는 해안까지 헤엄쳤다.
D. 그는 지금도 물속에서 허우적거리고 있다.
E. 그는 해적에게 납치당했다.
F. 그는 다른 우주로 순간 이동했다.
G. 그는 고래 몸속에서 공생 관계를 이루며 살아가고 있다.

이 중 가장 그럴듯한 가설은 로코와 그 친구에게는 미안한 일이지만 A일 것이다. 그 뒤를 이어 B가 두 번째로 가능성 있는 가설일 테고 말이다. F나 G의 경우가 가능성이 제일 희박해 보인다. 그렇지만 어쨌든 이들 모두 가능한 가설로, 알고리즘에 기반하거나 사전에 특별히 훈련을 받지 않고도 생각해낼 수 있다. 아울러 각각의 확률을 수치상으로 확인하지 않아도 어떤 가설이 가장 그럴듯하고 어떤 가설이 가장 일어날 가능성이 적은지 쉽게 판단할 수 있다.

우리는 드레이퍼스의 말처럼 컴퓨터가 이처럼 범위가 제한되지 않은 막연한 문제에 대한 답을 찾아낼 능력이 없다는 사실을 이미 확인했다. 그러나 우리는 이 문제의 답을 찾아낼 수 있으므로 우리의 추론 방식은 컴퓨터와 달리 알고리즘 기반이 아니라고 할 수 있다. 그렇다면 이제 어떤 것이 인간의 추론 방식이 아닌지 알았으니 인간의 추론은 어떻게 이루어지는지, 그리고 어째서 알고리즘으로는 이를 구현해낼 수 없는지 알아내는 일만 남았다.

이 시점에서 지금까지 이야기한 이론 중 취할 것은 취하고 버릴 것은 버림으로써 내 나름대로 '우리는 기계인가'라는 질문에 답이 되어줄 인간의 추론에 관한 생각을 제안할까 한다. 하지만 본격적으로 인간의 추론이 이루어지는 방식을 다루기 앞서 잠시 존 설의 중국어 방 논증으로 돌아가 보자.

설은 중국어를 전혀 이해하지 못하는 방 안의 사람이 규칙집에 따라 기호를 조작해 중국어로 정확한 답변을 내놓는 사고실험이 가능하므로 기호 조작(알고리즘 기반 추론)만으로는 주어진 문제를 이해했다고 볼 수 없다는 결론을 내렸다. 그의 논리는 이러했다.

1. 컴퓨터 프로그램은 기호의 조작으로 이루어진다.
2. 마음은 심적 내용(의식)이 있으며 이해를 가능케 한다.
3. 기호를 다루는 능력만으로는 그 의미를 이해한다거나 의식이 있다고 확언하기에 충분치 않다.
4. 따라서 컴퓨터 프로그램을 실행하는 것만으로는 마음을 존재하게 하기에 불충분하다.

나는 전반적으로 이 의견에 동의하지만 여기서 설은 아주 중요한 사실을 하나 간과했다. 설의 주장이 가장 많은 비판을 받는 부분은 그가 주장한 논리 중 세 번째 단계가 근거가 빈약한 가정이라는 점이다. 기호 조작만으로는 이해가 이루어졌다고 볼 수 없다고 어떻게 확신할 수 있는가? 레이 커즈와일과 마빈 민스키를 비롯해 AI 연구의 가능성을 지지

하는 측에서는 이 같은 가정이 성립한다는 데 틀림없이 동의하지 않을 것이다. AI가 목표하는 것이 바로 이것이기 때문이다. 설은 어째서 기호 조작이 이해로 연결되지 않는지 설명하지 않는다.

나는 기호 조작(알고리즘)이 의식의 존재를 증명하기에 충분치 않다고 주장하는 이유가 드레이퍼스의 말처럼 인간의 의식은 틀에 박히지 않은 무한한 사고를 요하는 문제들의 답을 찾는 데도 힘을 발휘하는 반면 기호 조작으로는 제한된 범위의 잘 정의된 문제에만 답을 할 수 있기 때문이라고 생각한다. 알고리즘을 따르는 컴퓨터 프로그램의 추론은 알고리즘을 따르지 않는 인간의 마음이 해낼 수 있는 일들을 전부 해낼 수가 없으므로 알고리즘 기반 추론 그 자체만으로는 의식이 존재할 수 없다고 본다. 존 설의 논리 중 세 번째 단계를 내 나름대로 형식을 갖추어 보충하자면 다음과 같다.

1. 기호 조작은 규칙에 얽매여 있다.
2. 의식은 어디에도 얽매여 있지 않다.
3. 규칙에 얽매인 시스템은 무한한 시스템(의식)을 만들어내기에 충분치 않다.
4. 따라서 기호 조작 능력만으로는 의식을 갖추었다고 보기

에 충분치 않다.

위에서 나는 드레이퍼스의 견해를 이용해 설이 하지 않은 중국어 방 논증의 세 번째 단계에 대한 설명을 제공했다. 내가 알기로 지금까지는 다들 이 둘을 연관시켜 생각하지 않았다. 설과 드레이퍼스의 이론은 늘 강한 AI(올바르게 프로그램된 컴퓨터는 의식을 가질 수 있다는 믿음) 개념의 반대 입장에 있는 두 개의 독립적인 갈래처럼 여겨졌다. 설의 주장은 컴퓨터가 외적으로 의식이 있는 것처럼 보이더라도 내적으로는 이해와 심적 내용이 결여되어 있다는 것이 핵심이므로 흔히 '내적인 측면'에서의 반대 의견이라고 불린다. 반면 드레이퍼스는 겉으로 드러난 문제 해결 능력을 바탕으로 퀸 엘리자베스 2호 이야기나 경마 기수의 사례, 로코의 실종 사건 등 범위가 제한되지 않은 문제에 적절한 답을 발견하는 인간의 창의적이고 유연한 사고 능력을 컴퓨터는 결코 보여줄 수 없다고 주장했으므로 그의 주장은 '외적인 측면'에서의 반대 의견으로 불린다. 하지만 어쩌면 이 둘을 서로 다른 견해로 볼 것이 아니라 결합시켜 생각해야 하는지도 모른다. 이렇게 하면 알고리즘에 기반한 기호 조작은 마음이 할 수 있는 일 중 많은 것을 하지 못하기 때문에 이 시스템만으로는 의식의 존재를 증명하기에 충분치 않다는 사실이 분명해진다.

자, 이제 아까 하던 이야기를 계속하자. 우리는 어떤 것이 인간의 추론 방식이 아닌지를 알았다. 다음으로 해야 할 일은 그렇다면 과연 인간의 추론 방식은 어떠하며 대체 어떤 점 때문에 컴퓨터 알고리즘과 그렇게 큰 차이가 나는지 설명하는 것이다.

앞서 로코의 이야기에 우리가 어떤 결론을 내렸는지 떠올려보자. 우리는 로코에게 일어났을 법한 일로 가장 가능성이 큰 가설이 그가 바다에 빠져 익사했다는 것이라는 판단을 내렸다. 이러한 유의 문제는 규칙들을 이용해 정의할 수 없지만 우리는 모두 같은 결론에 도달한다. 어떻게 알 수 있을까? 의식의 신비한 힘 뒤에는 헤아릴 수 없이 방대한 사전 지식이 자리하고 있다. 우리 모두 저마다 세상이 어떠한 원리로 돌아가는지를 이해하는 데 기본이 될 상세한 모형을 지니고 있는 셈이다. 바로 이 세상에 대한 지식을 바탕으로 우리는 현실에서 일어나는 일들에 대한 통찰을 얻고 추론할 수 있다.

누군가는 컴퓨터를 프로그램하는 데 이용되는 일련의 규칙이 우리가 가진 세상에 대한 표상과 같은 역할을 수행한다고 말한다. 그러나 나는 여기에 동의하지 않는다. 나는 우리가 가진 심적 모형이 그저 일련의 형식화된 규칙들이 아닌 '결합된 감각질binding qualia'의 형태로 저장되어 있다고 생각한다.

의식에 관해 이루어지는 다양한 논쟁 중에서 우리가 아직 이 책에서 다루지 않은 한 가지 측면이 흔히 '결합 문제binding problem'라고 불리는 문제다. 철학자 및 신경과학자 들은 우리가 세상을 지각할 때 어떻게 서로 다른 유형의 감각질이 한데 결합하여 일관된 하나의 경험을 만드는지 의문을 품었다. 예를 들어 우리가 해변에서 느긋한 시간을 보낼 때면 발가락 사이로 느껴지는 모래의 감촉과 등에 와닿는 따뜻한 햇살, 밀려오는 파도 소리가 모두 다른 수용기와 연합되어 다른 신경 경로를 타고 뇌의 다른 영역에서 처리되는데도 하나의 감각질로 통합된다.

각각의 감각이 모여 바다를 바라보는 감각질을 형성하듯 우리 삶의 모든 부분에서 오는 감각질(결합된 감각질)이 모여 추론 능력의 근원인 세상에 대한 심적 모형을 형성한다. 단순 감각질은 예를 들면 파도가 치는 소리를 듣는 것이 어떤 느낌인가 하는 것이다. 반면 결합된 감각질은 해변에서 보내는 하루가 어떤 느낌인가이다. 해변에서의 하루라는 결합된 감각질은 다시 그날 해변에 함께 있었던 사람에 대한 결합된 감각질과 결합될 수 있다. 또 두 경험의 감각질 모두 해변에 있는 동안 떠올린 사촌의 결혼식에 대한 감각질과, 혹은 바닷속에서 텀벙거리다 해파리를 밟고 겪은 극심한 고통의 감각질과 결합될 수 있다. 요컨대 결합된 감각질이란 단순 감각질에서 파생된 더 큰 개념으로, 서로 결합해 세상에 대한 통일된 표상을 형성하는 것을 의미한다.

결합된 감각질은 우리가 이를 경험하는 상황, 사건이 발생한 순서, 우리가 자유의지에 따라 이들 각각을 연관 짓는 방식을 비롯해 다양한 요인에 기초하여 통합된다. 우리는 서로 다른 관념들 사이에 본래부터 형성되어 있던 결합과 살아가면서 바뀐 결합 방식에 기초해 각각의 관념을 연합한다. 어쩌면 이러한 이유로 생각이 종종 옆길로 새서 하나의 관념을 이와 관련된 다른 관념과 연합하고, 이렇게 연결된 관념을 또 다른 관념과 묶어 연결 고리를 만들어나가는지도 모른다. 또 이로 인해 어떤 노래를 들으면 특정한 인물이나 장소가 떠오르고 소설을 읽으면 심상이 떠오르는지도 모른다. 아마 국가를 들으면 눈물이 나거나 학창 시절 반에서 개그를 담당하던 친구의 이름만 들어도 웃음을 짓게 되는 것 역시 같은 이유일 것이다.

결합된 감각질은 세상에 대한 광대한 심적 모형을 형성해 우리가 가여운 로코에게 무슨 일이 벌어졌는가와 같은 틀에 박히지 않은 문제를 해결할 때, 도움이 되는 정보는 취하고 관련 없는 정보는 무시할 수 있게 해준다. 이 모형 덕분에 우리는 거센 폭풍우 속에서 이틀간 열기구 여행을 한 로코의 행동이 위험했다는 사실을 이해한다. 더불어 그의 열기구가 대서양 한가운데서 조종사 없이 침몰한 채 발견되었다면 이는 곧 로코가 바다 깊은 곳에 가라앉아 있을 가능성이 매우 높은 상황임을 이해한다. 심적 모형에 기대어 우리는 악천후에도 화물선들이 항해를 하기는 하지만 로코를 발견했을 가능성은 희박하며, 특히나 심한 폭풍우가 휩쓸고 간 직후에는 더 구조를 기대하기 어렵다는 사실을 안다. 세상에 대한 우리의 상식에 비추어 로코가 순간 이동을 해서 이 우주 밖으로 사라졌거나 고래 배 속에서 살게 되었을 리가 없다는 것도 분명하다. 우리가 이 모든 것을 알 수 있는 이유는 결합된 감각질이 우리가 경험하는 것들에 기초하여 역동적으로 변화하는 거대한 정보 덩어리로 저장되기 때문이다.

알고리즘으로는 결합된 감각질의 이 같은 심적 모형 형성을 똑같이 구현해낼 도리가 없다. 알고리즘은 기존의 규칙을 바탕으로 짜이며, 이는 다시 말해 맥락이 있어야 한다는 뜻이다. 그러나 알고리즘은 우리가 가진 세상에 대한 모형을 만들 기반 자체가 없으므로 어떻게 해야 이를 만들 수 있는지 알 도리가 없다. 알고리즘이 설탕은 단맛이 나고 고통은 아픈 것이라는 사실을 어떻게 알겠는가? 폭풍우가 열기구 여행자에게 위험하다는 사실은 또 어떻게 알겠는가? 인간은 이러한 것들에 대한 감각질이 한데 결합함으로써 이를 이해할 수 있다. 경험이 없었다면 우리는 논리적인 감각조차 가질 수 없었을 것이다. 따라서 알고리즘으로는 논리체계를 만들어낼 수 없다. 알고리즘은 규칙을 따를 뿐 스스로 규칙을 만들어낼 수 없기 때문이다.

이와 같은 이유로 나는 CYC 프로그램이 지금은 물론 앞으로도 인간의 추론 능력을 가질 수 없으리라 본다. 앞서 소개했듯 CYC 프로그램은 인간의 추론 과정을 모방하려는 백만 가지가 넘는 규칙들로 이루어져 있다. 이 프로그램의 개발 프로젝트는 내가 태어나기도 전인 1984년에 시작되어 프로그래머 팀이 계속 새로운 규칙들을 추가해나가는 방식으로 진행되었다. 하지만 지금에 이르도록 CYC는 인간의 상식 비슷한 것조차 갖추지 못했다. 나에게는 매일같이 세상에 대한 새로운 지식을 가르쳐주는 전담 팀 따위가 없다. 나는 그저 결합된 감각질을 통해 세상에 대한 이해를 쌓아간다.

우리는 평생 한 번도 열기구를 타보지 않았더라도 우리 내부의 광대한 심적 모형 덕에 폭풍우에 열기구를 타는 일이 위험하다는 사실쯤은 알 수 있다. 아직 경험해보지 못한 상황도 심적 모형을 토대로 생각할 수 있는 것이다. 이것이 바로 상상력이다.

우리의 상상은 때때로 현실처럼 느껴질 수도 있는데, 박쥐가 경험하는 느낌이나 우리가 빨간색을 볼 때 경험하는 느낌처럼 생각한다는 행위가 주는 고유한 느낌이 존재하기 때문이다. 나아가 생각한다는 행위에 대해 생각하는 행위가 주는 고유한 느낌도 존재한다. 즉 심적 모형을 활용하는 것과 연관된 감각질이 존재한다. 나는 우리의 창의력이 바로 여기에서 비롯된다고 믿는다. 이로 인해 우리는 혼란과 양가 감정을 겪기도 하고 유머 감각을 보이는 동시에 냉철한 철학적 면모를 갖출 수도 있는 것이다. 또한 이로 인해 무엇인가를 깨닫고, 결론을 도출하고, 의사 결정을 내릴 수 있다. 인간의 사고와 연관된 감각질 집합이 바로 의식 그 자체다.

그러니까 결합된 감각질은 총체적인 사전 지식을 제공할 뿐만 아니라 매일같이 이루어지는 능동적 사고 과정의 일부이기도 한 셈이다. 다름 아닌 결합된 감각질이 인간 추론 능력의 핵심이다. 그리고 이 때문에 컴퓨터 프로그램은 의식을 가질 수 없다는 것이 나의 의견이다.

그렇다면 지금까지 논의했던 학자들의 주장과 나의 견해가 어떻게 다른지 살펴보자. 먼저 대니얼 데닛의 이론은 인간이 알고리즘을 따르는 기계이며 의식이나 감각질은 애초에 존재하지 않는다는 것이 핵심이었으므로 내가 주장하는 바와 극명한 대조를 이룬다. 또한 나는 의식을 가진 기계를 프로그램하는 일이 가능하다고 말하는 커즈와일과 민스키의 주장에도 동의하지 않는다. 알고리즘만으로는 의식이 존재하기에 충분치 않기 때문이다.

또한 의식이 없다면 인간이 가진 것과 같은 추론 능력을 발휘할 수도, 로코나 퀸 엘리자베스 2호 이야기와 같은 문제를 해결할 수도 없으므로 데이비드 차머스와 달리 나는 좀비가 논리적으로 말이 되지 않는다고 생각한다. 좀비 철학자나 좀비 탐정(셜록 홈스 같은)은 있을 수 없다. 알고리즘 기반의 시스템은 이러한 직업군에서 맥을 못 출 것이다.

한편 튜링 테스트에 관해서는 존 설이 제시한 것과 같은 이유로 이를 의식의 유무를 판단할 타당한 수단으로 인정하지 않는다. 마지막으로 흑백의 방에 갇힌 메리에 대한 프랭크 잭슨의 사고실험이 가리키는 바와는 상당 부분 유사한 입장을 취한다. 나의 이론에서는 감각질이 큰 비중을 차지하는데 잭슨의 사고실험 역시 감각질의 중요성을 강조한다. 나는 추론 과정에서 감각질의 역할이 바로 인간을 인간답게 만드는 핵심 요인이라고 생각한다.

그러니까 설혹 어떤 과학자가 당신 뇌의 작용 원리를 전부 파악했다고 하더라도 나는 그가 당신의 마음을 속속들이 알 수 있다고는 생각하지 않는다. 그는 당신으로 살아가는 것이 어떤 느낌인지 결코 이해하지 못할 것이며, 당신의 행동도 완벽하게 예측하지는 못할 것이다. 프랜시스 크릭과 달리 나는 자유의지가 존재한다고 믿는다. 만약 우리 몸의 물리적인 구조가 정말 우리의 생각과 행동을 결정한다면 우리는 그 물리적 체계가 작용하는 규칙들, 다시 말해 알고리즘에 전적으로 의존해야 마땅하다. 아울러 나는 타인의 의식에 접근하는 것도 불가능하다고 믿는데, 감각질은 철저하게 개인적인 내적경험이기 때문이다.

마찬가지로 언젠가 컴퓨터 기술이 마음을 구축하는 데 활용되리라는 견해에도 동의하지 않는다. 어쩌면 다른 방법을 통해 정형화된 규칙에 얽매이지 않는, 의식이 있는 기계를 만들어낼 수 있을지도 모른다. 혹시라도 기계가 인간의 추론 능력을 가질 수 있게 된다면 이는 더 이상 기계가 아닌 존재가 되겠지만 이러한 일이 정말 가능해질 것인가에 관해서 나는 대단히 회의적인 입장이다. 이상의 모든 측면을 고려할 때 '우리는 기계인가'라는 질문에 대한 나의 답은 '아니오'다. 우리는 모두 어느 정도 기계적인 시스템에 의존하고 있지만 기계는 아니다.

물론 우리가 지금까지 논의한 과학자 및 철학자 들의 견해처럼 이러한 결론 또한 전부 나의 개인적인 견해에 불과하다. 이 책 전반에 걸쳐 소개한 의식에 대한 여러 관점이 서로 이토록 다를 수 있다는 사실이 흥미롭기도 하다. 차머스, 라일, 크릭, 에덜먼, 커즈와일, 튜링, 민스키, 설, 잭슨, 다마지오, 데닛 그리고 드레이퍼스까지, 다들 굉장히 똑똑하고 박식한 인물들이다. 그러나 단 한 가지 관점에서조차 누구 하나 의견의 합치를 보지 못했다. 심지어 이 모든 주장이 부분적으로나마 틀렸을 가능성도 있다(실은 꽤 높다). 논쟁의 끝은 아직도 멀었다.

마음과 몸의 관계를 둘러싼 논쟁은 무려 17세기 철학자인 데카르트 시절부터 이어졌으니 의식에 대한 불가사의도 벌써 4백 년 가까이 풀리지 않은 셈이다. 하지만 수백 년간 논쟁이 지속되었음에도 철학자들은 이제야 겨우 이원론과 유물론이라는 단순한 개념에서 벗어나기 시작했다.

그나마 지난 50년 동안 많은 진전이 있었다. 컴퓨터 기술과 신경과학이 비약적으로 발전한 덕분에 이제 우리는 획기적으로 새로운 관점에서 문제를 바라볼 수 있게 되었다. 21세기 중반에 접어들면 커즈와일과 드레이퍼스를 비롯한 학자들의 예상이 과연 옳았는지 알 수 있게 될 것이다. 그렇게 조금씩 조금씩 답에 가까워지리라.

과학자와 철학자 들이 의식을 설명하기 위해 내놓는 이론들은 아직 정답 근처에도 가지 못했지만 그들의 치열한 논쟁을 통해 우리는 스스로를 더 잘 이해할 수 있게 되었다. 이론들이 서로 충돌하고 진화를 거듭하는 과정에서 우리는 새로운 관념이 탄생할 토대를 마련함으로써 불가사의 해결에 한 걸음씩 다가서고 있다. 새로운 세대의 이론과 이론가들이 등장할 일도 머지않았다.

'우리는 기계인가'라는 물음에는 내 나름대로 답을 해보았지만 감각질의 존재 여부나 의식의 특성을 설명할 이론까지는 제시하지 못했다. 불가사의는 아직 풀리지 않았다. 의식의 너무 많은 부분이 아직도 미제로 남았다는 사실은 이 주제를 향한 관심을 새롭게 불러일으켰다. 인류가 직면한 가장 거대한 불가사의일 가능성이 높다 보니 의식에 대해 점점 더 많은 연구가 이루어지고 있다. 단 한번의 발견이 세상을 뒤바꾼 사례는 역사적으로도 여러 번 있었다. 페니실린의 우연한 발견이 치료제에 혁명을 가져왔고, 인터넷의 발명은 우리의 생활 방식을 전면적으로 탈바꿈시켰다. DNA의 발견은 생물학 연구의 방향을 완전히 바꿔놓았다. 그러나 이처럼 역사적으로 매우 중요한 한 걸음조차 훗날 인간의 마음이 어떤 원리로 작용하는지를 둘러싼 논쟁에 종지부를 찍을 이론이 등장하고 나면 한없이 초라해 보일 것이다. 만약 우리 세대에서 이 의식에 관한 불가사의를 풀게 된다면 가슴 뛰는 사건들이 이제 곧 펼쳐지지 않을까.

더 읽어보기

로코와 열기구 이야기는 이 책에 나열한 대부분의 가설과 더불어 래리 라이트의 책 《더 나은 추론을 위해Better Reasoning》에서 차용했다. 어째서 인간의 사고가 알고리즘을 따르지 않는다고 보는가에 관해 더욱 상세히 알고 싶다면 휴버트 드레이퍼스가 쓴 《컴퓨터가 여전히 하지 못하는 것》을 읽어보자. 이 밖에도 의식 문제를 더 깊이 탐구하고자 하는 독자를 위한 훌륭한 도서가 많으니 직접 찾아봐도 좋을 것이다.

해제

우리가 기계일지 모른다는 관념은 많은 이에게 생각할 거리를 던져주지만 막상 쉽게 믿어지지는 않는다. 우리 대부분이 인간에게 단순히 기계적인 것 이상의 무엇인가가 있다고 생각하기 때문이다. 우리는 특별하니까.

마음과 기계

우리가 스스로를 특별하다고 여기는 이유 중 하나는 우리가 생각하는 우리 자신의 모습과 기계의 모습이 서로 일치하지 않는다는 것이다. 누군가는 우리가 지나치게 자아도취에 빠진 동시에 기계의 능력을 과소평가하고 있다고 말한다. 하지만 자신을 대하는 태도는 차치하더라도, 우리는 보통 기계를 '단단한 물체'로 구성된 기계적인 장치라고 '여길' 뿐, 유기물로 이루어진 말랑한 것이라고는 생각지 않는다. 유기물로 구성된 말랑한 것은 단단한 물체와 다르다. 따라서 (당연히) 우리는 기계일 리 없는 것이다.

하지만 이러한 결론이 나온 이유는 비단 기계가 단단한 물체이기 때문만은 아니다. 많은 사람이 인간과 기계의 결정적인 차이라고 여기는 것은 사실 기계로서는 영원히 범접할 수 없는 어떠한 활동, 바로 정신 활동에 우리가 관여하고 있다는 사실이다. 우리는 우리 내면과 주변 세상에 대한 의식을 가지고 있다. 기계는 그렇지 않다.

생명과학의 역사를 보면 불과 얼마 전까지만 해도 생명체 그 자체를 신비로운 것이라 여기며 이를 마찬가지로 신비한 활력 또는 생명력이라는 관념으로서만 이해할 수 있다고 여겼다. 하지만 이 활력이라는 것도 지금은 제법 기계적인 용어로 설명된다. 이제 생명체는 기저에 있는 다수의 유기적인 과정, 즉 대사 및 생식 과정 등으로 이루어진다고 여겨진다. 이러한 과정들이 생명을 불어넣어 생명체를 생명체로서 살아갈 수 있게 하는 데는 생기론에서 말하는 '추가적' 요소나 '신비로운' 어떤 것은 일절 필요치 않다.

그럼에도 여전히 인간의 마음은 많은 사람에게 이런 유

기적인 과정들과는 근본적으로 다른, 과연 풀어낼 수 있을지조차 불분명한 훨씬 심오한 문제로 여겨진다. 대사 과정을 기계적인 용어로 설명하는 일과 인간의 의식에 대해 어떤 식으로든 이와 '동등한' 수준의 설명을 제시하는 일은 전혀 다른 문제라는 것이다. 생명과학이 이토록 많은 발전을 이루었는데도 많은 사람이 인간의 의식을 영원히 이해할 수 없으리라 생각한다.

컴퓨터

그러나 지난 반세기 사이 전개된 사건들 중 하나가 일부 사람들로 하여금 인간의 의식을 박물학적으로 설명할 수 있는 날이 머지않았을지 모른다는 희망을 다시금 품게 했다. 그 사건이 바로 컴퓨터와 정보처리, 인공지능, 컴퓨터 프로그래밍 분야의 극적인 발전이다.

컴퓨터는 추론을 하고, 전제에서 시작해 결론에 이르거나, 패턴을 인식하는 등 지금껏 인간의 전유물이라고 여겨지던 생각과 유사한 활동을 수행한다. 실제로 컴퓨터의 설계와 모델링이 점차 정교해지면서 점점 더 복잡한 정신 활동을 컴퓨터 연산으로 프로그래밍 할 수 있게 되었다.

만약 우리가 인간이 기계와는 달리 유기물로 이루어진 '살아 있는' 존재라는 믿음에서 벗어나 인간을 그저 특수한 능력이 있는 생명체로 바라본다면, 인간과 기계의 차이가 기계는 해내지 못하는 일을 수행하는 인간의 능력임을 알게 될 것이다. 인간과 기계의 차이는 구성하는 '물질'이 아니라 수행할 수 있는 기능에 달려 있다. 마찬가지로 인간이 하는 일들을 기계가 얼마나 잘 해내느냐에 따라 기계도 사실 인간과 별반 다를 바 없다고 여겨질 수도 있다. 주어진 과제를 제대로 수행할 수 있게 하는 적절한 구성 요소만 있다면 기계는 기능적으로 인간과 동등해질 것이다.

인공 심장이 심장의 기능을 해낸다면 이미 진짜 심장인 셈이다. 플라스틱으로 만들어졌든 유기물로 이루어졌든 관계없이 심장의 일을 하는 것이 곧 심장이다. 심장의 일을 해내는 것이 바로 심장인 것이다. 기계와 인간에도 같은 논리를 적용해볼 수 있다. 어떤 기계가 생각하는 사람의 일을 그대로 수행할 수 있다면 그 기계는 생각한다고 봐도 무방하다. 생각하는 역할을 올바르게 해낼 수만 있다면 구성 성분이 어떤 물질이어도 괜찮다.

이러한 생각과 인간이 일종의 정보처리 시스템이라는 관념이 어우러져 지금껏 인간의 사고와 지능에 의해서만 가능했던 일들을 컴퓨터가 할 수 있도록 만드는 연구 분야, 즉 인공지능, 'AI'가 발달하게 되었다. AI는 (A) 컴퓨터가 얼마만큼 인간의 마음과 가까워질 수 있으며, (B) 인간의 마음은 또 얼마만큼 컴퓨터와 유사한지 생각해보게 한다.

논점 A와 B에는 각각 파생되는 문제와 고려 사항들이 있지만 사실 둘은 서로 연결되어 있다. 통상 인간의 마음만 수행할 수 있는 것으로 여겨지던 능력을 똑같이 선보임으로써, 컴퓨터는 인간의 의식이 품고 있는 비밀을 밝힐 수도 있다는 믿음에 힘을 실어주었다. 그뿐만 아니라 대니얼 데닛이 강조했듯 컴퓨터는 '비장의 무언가'도 대단한 불가사의도 감추고 있지 않으므로 컴퓨터 연산은 그 자체로 인간의 의식을 기계론적으로 설명하는 일이 가능하다는 증거가 된다.

A 쟁점을 탐구하기 위해 컴퓨터가 수행할 수 있는 정신 활동이 어떤 것인지 조금 더 구체적으로 알면 도움이 될 것이다. 우리는 컴퓨터가 무엇을 할 수 있는지 생각할 때 (1) 컴퓨터가 실제로 무엇을 할 수 있는가와 (2) 이론적으로 어떤 일이 가능하다고 여겨지는가라는 두 가지 다른 측면의 질문을 떠올리곤 한다.

두 질문 모두 상세히 다루겠지만 설령 컴퓨터가 온갖 복잡한 정신 활동을 해낼 수 있다는 데 동의하더라도, 정말로 컴퓨터가 인간과 같은 방식으로 이러한 활동들을 수행하고 있는지 의구심을 품을 수 있다. 무엇보다 컴퓨터가 인간과 동일한 방식으로 정교한 정신 활동들을 수행할 수 있다면 이는 곧 컴퓨터에게도 의식이 있다는 의미가 아닌지 의문이 들 수 있다.

아울러 A 논점에서 B 논점으로 넘어가 인간의 마음이 얼마만큼 컴퓨터와 닮아 있는가에 집중하면 윌리엄 라이컨 William Lycan이 제기한 "이론적으로 실험실에서 제작할 수 있는 하드웨어로 구현된 제3의 무언가가 인간의 정신 능력을 완벽하게 담아내는 것이 가능한가?"와 같은 의문도 품을 법하다.

지금까지는 컴퓨터가 수행할 수 있는 범위 내의 과제에서 그럭저럭 성공적인 모습을 보이고 있다. 그렇지만 만약 기계가 '추론'을 할 수 있다면 그밖에 다른 것들도 할 수 있지 않을까? 그리고 그렇게 조금씩 조금씩 더 많은 일들을 할 수 있도록 프로그램되다 보면 언젠가는 우리와 똑같이 생각하는 것처럼 보이게 될 테고, 우리처럼 생각할 수 있는 경지에 도달하고 나면 기계에도 의식이 있다고 말할 수 있지 않을까? 만약 '의식'이 인간과 기계의 차이를 드러내는 가장 결정적인 요소라면 어쩌면 우리는 우리 생각처럼 특별한 존재가 아닐지도 모른다.

의식

엘리에저 스턴버그의 책은 표면상으로는 기계에 관한 것이지만 실제로는 그에 못지않게 현대 과학의 '마지막 거대한 불가사의'라고 여겨지는 주제에도 큰 비중을 두었다. 바로 인간의 의식에 관한 불가사의다. 물론 이 문제 외에도 거대한 불가사의들이 있을 것이고, 이것이 거대한 미스터리 중 마지막일지에 대해서는 이견이 있겠지만, 과학자와 철학자들은 전반적으로 인간의 의식이 거대한 불가사의라는 견해에 동의한다.

하지만 비교적 일관된 시각에도 불구하고 그 불가사의의 핵심이 무엇인가를 두고는 놀라울 만치 다양한 주장이 제기된다. 이를 두고 누군가는 '바로 그러한 점 때문에 이것이 그토록 대단한 불가사의인 것'이라고 할지도 모른다. 그러나 대부분 불가사의는 이 문제를 해결하기 위해 마땅히 묻고 답해야 할 근본적인 질문의 형태로 표현될 수 있다. 스턴버그가 자신의 책에서 명확하게 지적했듯 인간의 의식에 관한 연구는 여전히 걸음마도 떼지 못한 단계에 머물러 있다. 그렇다 보니 이 분야에서 던져야 할 기본 질문이 무엇인가에 대한 합의가 이루어지는 것도 아직도 먼 듯하다.

철학과 신경과학

인간의 의식에 관한 연구가 '누구나 관심을 가질 수 있는' 주제다 보니 이 분야가 처음 발달하기 시작하던 단계에서는 철학적 물음이 연구에서 적지 않은 역할을 차지했다. 철학자들은 질문의 틀을 마련하여 자칫 과학적인 문제로만 비칠 수 있는 질문을 보다 거시적으로 바라볼 수 있게 만들었다.

철학과 과학은 어떤 측면에서 매우 유사한데, 둘 다 어느 특정한 주제에 국한되지 않기 때문이다. 가령 경제학은 인간이 활동하는 제한된 영역에 대해서만 연구가 이루어진다. 이러한 측면에서 철학과 과학은 다루는 주제의 범위나 대상에 사실상 제약이 없는 셈이다. 다만 둘은 문제에 접근하는 방식, 특히 질문을 던지고 답하는 방식에서 차이가 있다.

과학은 체계적으로 조사가 가능한 어떤 현상이 있을 때 가장 큰 힘을 발휘한다. 철학은 아직 답을 찾기 위한 체계적인 방법론이 정립되지 않은 문제를 주로 연구한다. 인간의 의식은 아직 답을 찾기 위한 방법론이 정립되지 않은 문제에 속하므로 신경과학으로서는 철학의 도움이 절실할 수밖에 없다.

철학은 과학에 비하면 일종의 사전 연구에 가까운 형태로, 과학이 본격적인 문제 해결에 돌입하는 데 앞서 토대를 마련한다는 느낌이 있다. 마치 오페라가 시작하기 전에 연주되는 서곡처럼 무대를 준비하고 초석을 다지고 이후 과학이 더욱 깊이 탐구해야 할 주제를 가려내는 것이다.

그렇다 보니 철학은 흔히 개념 분석의 형태로 문제에 접근한다. 새로운 과학이 도입될 때는 개념적인 측면에서 다양한 쟁점이 있으며, 인간의 의식 연구에서는 특히 그러하다. 철학은 보통 한 걸음 물러서서 쟁점을 살펴보는 경향이 있는데, 그렇게 하는 편이 생산적인 결과를 가져오기 때문이다. 한 걸음 뒤로 물러나 자신이 문제를 어떠한 방식으로 이해하고 있는지를 주의 깊게 살피지 않는다면 문제 해결 능력이 부족해서가 아니라 문제를 바라보는 방식이 엇나간 탓에 올바르지 않은 결론에 도달할 수 있다. 오해의 소지가 있거나 잘못된 방식으로 문제를 바라볼 경우 더 이상 답을 구하는 것이 문제가 아니게 된다. 우선 이분법적인 시각이 아닌 제3의 관점에서 문제를 전혀 다른 방식으로 바라봐야 하는 것이다. 그런 의미에서 철학과 과학은 인간의 의식을 연구하는 데 상호 보완적인 역할을 한다.

때로는 핵심 개념에 대한 보다 분명한 이해가 선행되어야 현상 연구가 추진력을 얻기도 한다. 이때도 철학이 신경과학의 보조 역할을 한다. "최저임금이 공정한가?"와 같은 문제만 놓고 보더라도 '공정'이 어떤 의미인지 제대로 이해하면 도움이 된다. 마찬가지로 '사적'이고 '주관적'이라는 측면에서 의식을 규명하려 할 때도 '사적'인 것이 무슨 의미이며 '주관적'인 것은 또 어떤 의미인지 올바르게 파악하면 도움이 된다.

새로운 과학(이 경우에는 의식에 관한 과학)이 발달하는 초기 단계에서는 실험 결과들이 시사하는 바가 무엇인지를 두고 논쟁이 벌어지기도 한다. 각각의 정보는 해석이 필요하며, 과학자들은 저마다 엄청난 열의를 가지고 자신의 연구 결과를 해석하곤 한다. 하지만 이처럼 초기 단계에서는 연구자들이 내놓은 결과의 해석이 보통 상당 부분 추측에 근거한다. 그러므로 연구자들은 가능한 한 다양한 관점의 견해를 참고할 필요가 있는데, 이 경우에도 철학은 뇌 과학이 인간의 경험과 정신 활동에 따른 내면의 목소리, 인간의 사고 및 감정 등과 얼마만큼 맞아떨어지는지 파악하는 데 중요한 도움을 줄 수 있다.

생각으로의 초대장

그러나 이 책의 목표는 그동안의 연구 결과들을 꼼꼼하게 다루고 일일이 설명하기보다는 의식의 어떤 부분이 불가사의인지 독자들에게 소개하고 그러한 과정에서 독자들이 스스로 깊이 고민할 수 있는 기회를 던져주는 것이다. 그런 점에서 이 책은 독자들이 마음과 뇌를 둘러싼 아주 흥미로운 대화에 참여하기를 독려한다.

그 결과 스턴버그가 써낸 열다섯 장의 글은 개론보다는 초대장에 가깝다. 초대장은 '갈 길을 일러주는' 대신 '손짓해 부르는' 역할을 한다. 스턴버그의 책에도 물론 이론적인 설명이 담겨 있기는 하지만 의식에 관한 문제들과 의식의 본질 및 의식의 기원, 그리고 의식을 어떻게 이해할 것이며 과연 인류가 그 장대한 비밀을 푸는 것이 가능할지를 스스로 고민해볼 기회를 마련한다는 점이 더 중요하다.

그렇기에 이 책은 단순히 과거의 연구 결과들을 살펴보고 지금까지 어느 정도 진척을 이루었는지를 다루기보다는 '생각을 하도록' 하는 데 주안점을 둔다. 결코 의식에 관한 연구들을 하나도 빠짐없이 다루거나 총체적으로 다루려고 하지 않는다. 스턴버그도 연구들이 중요하다는 것을 알고 있지만 그렇다고 장황한 과학적 사실만으로 책을 가득 채우지는 않았다. 어디까지나 가장 중요한 목표는 독자들이 마음과 뇌의 관계를 상상력과 창의력을 총동원해 숙고함으로써 자신만의 사고의 틀을 정립하고, 인간의 의식과 관련된 불가사의가 과연 해결될 수 있을지에 대해 나름대로 결론을 내려보도록 하는 것이기 때문이다. 이러한 과정을 촉진하기 위해 스턴버그는 실제 연구 결과들을 나열하는 대신 비유, 이야기, 사고실험에 기대어 상상력을 자극한다. 그는 독자들을 충분히 몰입하게 함으로써 그들이 별생각 없이 품고 있던 의식에 대한 관념을 바로잡고 마음을 바라보는 새로운 시각들을 받아들이도록 한다.

이 책에서 스턴버그가 전개하는 사고실험들은 모두 유사한 목적을 띠고 있는데, 바로 독자의 직관력을 시험할 뿐만 아니라 독자들이 새로운 시각을 가질 수 있도록 한다는 것이다. '중국어 방' 논증이나 '좀비' 사고실험을 비롯해 이 책에서 쓰인 사고실험들은 마치 안개상자•처럼 기능해 독자들이 스스로 인간의 마음이 지닌 미지의 특성들을 어떻게 이해하고 있는지 '추적'해보고, 그 궤적을 따라 (어쩌면) 자신이 가지고 있던 직관적인 생각들을 다시 돌아볼 수 있게 도와준다.

이 책은 독자들에게 어떤 생각을 하라고 직접적으로 일러주지 않는다. 그저 생각할 수 있게끔 도와줄 뿐이다. 이 책의 구조와 목적 모두 현대 철학의 핵심 가치를 반영한다. J. R. 루카스J. R. Lucas도 이런 말을 남기지 않았는가.

> 철학이 정말 사고의 결정체라면 그 사고는 스스로의 것이어야만 한다. 이는 능동적인 활동이지 단순히 여러 학파들의 견해를 하나로 뭉친 것이 아니다. 문제와 답은 스스로 생각해내야 하며, 혹 다른 이들의 철학이 자신의 생각을 정립하는 데 도움이 된다 해도 자기 자신과 충분히 논쟁을 거치기 전에는 그들의 결론을 받아들일 수도, 제대로 이해할 수도 없다.

자신만의 견해

이 책의 말미에서 스턴버그는 자신만의 견해를 제시하며 일

• 일반적으로는 보기 어려운 방사선을 과포화 상태의 기체를 가득 채운 안개속을 통과하게 함으로써 그 궤적을 눈으로 볼 수 있게 해주는 장치.

종의 결론을 내린다. 하지만 그 결론 역시 독자들이 자신의 생각을 펼칠 여지를 남겨준다. 스턴버그의 견해가 그 밖의 모든 이론적 가능성을 차단한 것은 아니다. 그의 관점은 단순명료하지만 오히려 그 덕분에 독자들이 나름의 질문을 던지고 다른 의견을 가질 수도 있다.

앞서도 말했듯 의식의 작용을 설명하기 어려운 이유 중 하나는 어떤 것들을 설명해야 하며(설명항) 그 설명을 하기 위해서는 무엇이 필요한지(피설명항)를 두고 의견이 분분하다는 점이다.

이 책에 담긴 생각이 독창적이고 특별한 것은 복잡하기 때문만은 아니다. 그보다는 의식에 관한 이론에서 설명해야 할 것들이 무엇인지를 다시금 일깨우는 역할을 하기 때문이다. 이는 만약 인간의 의식에 관한 이론이 존재한다면, 그 이론이 인간의 의식 중 어떠한 측면을 담아내야 하는지 보여주는 하나의 예이기도 하다.

따라서 이 책은 의식의 작용을 설명하는 이론이 나아가야 할 가능성에 관한 것이자 그 과정에서 마주할 장애물에 관한 것이다. 그러한 장애물들은 과연 실재할까? 있다면 극복할 수는 있을까?

과연 머지않아 의식의 작용을 설명할 이론이 등장하게

될까, 아니면 우리에게는 아직 의식을 둘러싼 불가사의를 꿰뚫어볼 요령과 상상력이 부족한 걸까? 어쩌면 우리는 그렇게까지 똑똑하지 않은지도 모른다. 혹은 의식을 갖춘 생명체들은 자신의 의식이 지닌 특성을 이해할 수 없는지도 모른다.

당신이 이 문제에 대한 자신만의 견해를 가지고 있지 않더라도 스턴버그의 책을 끝까지 읽을 즈음에는 답을 찾을 가능성이 높다. 물론 정답은 아닐 수 있다. 하지만 그렇더라도 어느 정도 시간이 흐르기 전에는 그것이 정답인지 알기 쉽지 않다. 다만 변하지 않는 사실은 그렇게 떠올린 답이 당신만의 답이라는 것이다. 이러한 사실도 막상 그 답이 틀린 것으로 판명된다면 그다지 큰 위안이 되지 않을지 모른다. 유일한 위안이라면 질문을 던지고 답을 하며, 자신만의 견해를 정립해나가고, 그 견해가 어디까지 먹힐지 시험하고, 또 더 이상 설득력이 없다고 느껴질 때는 과감하게 버리는 과정을 통하는 것만이 결국 의식을 이해할 수 있는 유일한 방법이라는 점이 아닐까. 질문을 던지고 답을 하는 과정이야말로 틀림없이 인간의 의식을 둘러싼 문제를 해결할 가장 좋은 방법이자 가장 신뢰할 만한 방법이다.

스턴버그의 책이 지닌 강점은 독자들을 바로 이러한 과

정에 초대한다는 점이다. 풀 수 있을지 없을지조차 알 수 없는 아주 어려운 문제에 대해 스스로 답을 찾을 계기를 열어주는 초대 말이다.

브랜다이스대학교 철학과 교수
안드레아스 토이버 Andreas Teuber

감사의 말

이 자리를 빌려 내게는 한동안 꿈만 같았던 일을 실현하는 데 도움을 준 여러 인물에게 감사를 전하고 싶다.

첫 번째는 두말할 것도 없이 나의 스승인 캐럴 팜이다. 영어 담당이던 팜 선생님이 기말 작문 과제를 내주셨을 때 나는 뉴욕주 버팔로시에 위치한 윌리엄스빌 노스고등학교 2학년 학생이었다. 그때 내가 쓴 20여 장의 작문 제목이 '우리는 기계인가?'였다.

첨삭을 받기 위해 작문 과제를 선생님께 가져갔을 때가 지금도 기억난다. 선생님은 내 글을 훑어보더니 처음 다섯 장 분량을 삭제하는 것이 좋겠다고 조언해주었다. 잠시 부루퉁해서 투덜거렸지만 결국 첫 장부터 다섯째 장까지 드래그한 후 떨리는 손가락으로 삭제 버튼을 눌렀다. 그해 여름, 프로메테우스북스 출판사에서 내가 쓴 글을 발전시켜 책으로 펴내자는 제의를 보내왔고, 그렇게 나는 원고를 쓰게 되었다.

고등학교 3학년은 대부분 팜 선생님의 책상에 앉아 의식에 관한 문헌들을 샅샅이 조사하며 보냈다. 교무실에 들어오는 학생들은 선생님과 내가 매일같이 마음의 성질이나 자유의지, 좀비, 혹은 자기의 신경학적 상관물에 대한 대화에 심취해 있는 모습을 보았다. 이때의 논의 덕분에 나는 비로소 이 책에 소개된 이론들을 탄탄하게 이해할 수 있었다. 팜 선생님은 깨닫지 못하실지라도 나에게 정말 깊은 영향을 주셨다. 선생님의 제자여서, 그리고 선생님과 지금도 친구처럼 관계를 이어갈 수 있어서 참으로 행운이다.

내가 글쓰기를 좋아한다는 사실을 일깨워주셨던 버팔로의 카디마학교와 나의 영어 선생님이었던 로이스 애넬러, 그리고 멜라니 메스, 리자이나 포르니, 메리 리처트라는 훌륭한 영어 선생님 세 분께 배울 기회를 열어준 윌리엄스빌노스고등학교에 감사를 전한다. 더불어 도서관 프린터로 그토록 많은 글을 출력했는데도 눈치 채지 못해준 점도 감사하다고 말하고 싶다.

내가 브랜다이스대학교에 진학한 것은 현명한 선택이었다. 브랜다이스는 내가 학습하고 성장할 수 있는 훌륭한 환경을 제공해주었다. 이 책의 추천 서문을 써준 안드레아스 토이버 교수를 만난 곳도 이곳이다.

현재 브랜다이스대학교 철학과의 학과장인 토이버 교수는 내가 철학과 신경과학을 새로운 방향으로 공부해나갈 수 있게 도와주셨다. 교수님과 나눈 지적 자극이 가득한 대화 덕분에 철학적인 대화가 얼마나 깊은 수준에까지 이를 수 있는지 깨달았다. 게다가 내 원고를 몇 차례나 읽고 고견을 들려주셨다. 내가 그분의 학생이 되기 전부터 이토록 많은 도움을 받았다는 생각을 하면 몸 둘 바를 모르겠다.

브랜다이스대학교 철학과에는 아주 유능한 교육행정 직원 줄리 시거도 있다. 사진들의 출처를 함께 찾아주고(지독하게도 복잡한 작업이었다) 내가 자주 찾아가도 싫은 내색없이 맞아줘 정말 많은 도움이 되었다.

만난 적도 없는 나를 위해 기꺼이 시간을 내준 오리건대학교의 로버트 실베스터 교수의 도움에도 감사를 전한다. 그는 나와 주고받은 무수한 이메일을 통해 여러 연구 자료를 보내주고, 흥미로운 책과 논문을 일러줬으며, 내가 신경과학 연구를 이어가는 데 조언을 아끼지 않았다. 내가 쓴 글에 의견을 제시해주기도 했다. 나를 위해 굉장히 훌륭한 서신들을 써주었고, 언제나 변함없이 든든한 버팀목이 되어주었다.

그 외에도 많은 사람의 도움이 있었다. 특히 다양한 제언을 해준 브랜다이스대학교 철학과 교수 엘리 허슈와 제리 새밋, 내가 올바른 과학 지식을 가지고 있는지 확인해준 신경과학 교수 로버트 세큘러에게 많은 신세를 졌다. 아울러 원고를 읽고 생각을 나누어주고 내가 좋아하는 일을 계속할 수 있도록 격려해준 내 친구 에밀리 지본, 네샤머 호위츠, 조시 발더먼, 제이슨 로스왁스, 에이비 빌러, 찰리 갠덜먼, 제시카 켄트, 에스티 슐로스, 사라 스미스, 해나 코언에게도 감사를 전한다.

무엇보다도 가족에게 감사한다. 어니스트와 조하라 스턴버그의 아들이자 대니얼, 벤저민(4장의 주인공이었던 '베니'), 리베카의 형제라는 것이 내 인생의 가장 큰 축복이다. 혹여 인간이 결국은 기계라고 밝혀지더라도 이들만큼은 더 이상의 업그레이드가 필요치 않을 것이다.

참고문헌

"ALICE Finalist in 2004 Loebner Contest", http://www.alicebot.org(2004년 9월 10일 검색).

Leonard Angel, *How to Build a Conscious Machine*(Boulder, CO: Westview Press, 1989).

Margaret Atwood, "My Life as a Bat" In Atwood, *Good Bones and Simple Murders*(New York: Nan A. Talese, 2001), pp. 109~116.

Bernard J. Baars, *In the Theater of Consciousness: The Workspace of the Mind*(New York: Oxford University Press, 1997).

Michael Behar, "The Doctor Will See Your Prototype Now", *Wired* (2005년 2월호).

Susan Blackmore, *Consciousness: An Introduction*(Oxford, UK: Oxford University Press, 2004).

Ned Block, "Troubles with Functionalism", *Minnesota Studies in the Philosophy of Science 9* (1978): 261-325.

Nick Bostrom, "When Machines Outsmart Humans", http://www.nickbostrom.com/2050/outsmart.html(2005년 1월 4일 검색).

David J. Chalmers, *The Conscious Mind: In Search of a Fundamental Theory*(Oxford, UK: Oxford University Press, 1996).

David J. Chalmers, "Consciousness and Its Place in Nature", In Chalmers, *Philosophy of Mind*, pp. 247~272.

David J. Chalmers, "Facing Up to the Problem of Consciousness", *Journal of Consciousness Studies* 2, no. 3 (1995): 200-19.

David J. Chalmers, *Philosophy of Mind: Classical and Contemporary Readings*(Oxford, UK: Oxford University Press, 2002).

Paul M. Churchland and Patricia S. Churchland, "Could a Machine Think?", *Scientific American*(1990년 1월호).

Francis Crick, *The Astonishing Hypothesis: The Scientific Search for the Soul*(New York: Charles Scribner's Sons, 1994). 《놀라운 가설》, 프랜시스 크릭 지음, 김동광 옮김, 궁리, 2015.

Francis Crick and Christof Koch, "Consciousness and Neuroscience", *Cerebral Cortex* 8(1998): 97-107.

James Daly, "Soul of a New Machine", http://www.business2.com/b2/web/articles/0,17863,527113,00.html(2005년 1월 4일 검색).

Antonio R. Damasio, *Decartes' Error: Emotion, Reason and the Human Brain*(New York: Avon Books, 1994).

"Deep Blue", http://www.research.ibm.com/deepblue/meet/html/d.3html(2004년 3월 21일 검색).

Daniel C. Dennett, *Consciousness Explained*(Boston: Little Brown and Company, 1991). 《의식의 수수께끼를 풀다》, 대니얼 데닛 지음, 유자화 옮김, 옥당, 2013.

Daniel C. Dennett, "Consciousness in Human and Robot Minds", In Ito, Miyashita, and Rolls, *Cognition, Computation and Consciousness*, KurzweilAI.net에서도 열람 가능하다.

Daniel C. Dennett, *Freedom Evolves*,(New York: Viking Press, 2003). 《자유는 진화한다》, 대니얼 데닛 지음, 이한음 옮김, 동녘사이언스, 2009.

Daniel C. Dennett, "Quining Qualia", In Chalmers, *Philosophy of Mind*, pp. 226~246.

Hubert L. Dreyfus, *What Computers Still Can't Do: A Critique of Artificial Reason*(Cambridge, MA: MIT Press, 1992).

John C. Eccles, *Mind and Brain*(New York: Paragon House Publishers, 1985).

Lisa. Eccles, "MIT Scientists Create a More 'Sociable Robot'"(2001년 4월 30일), http://www.elecdesign.com/Articles/ArticleID/4005/4005.html(2004년 4월 4일 검색).

Gerald M. Edelman, *Bright Air, Brilliant Fire: On the Matter of the Mind*(New York: Basic Books, 1992). 《신경과학과 마음의 세계》, 제럴드 에델만 지음, 황희숙 옮김, 범양사, 2006.

Gerald M. Edelman, *The Remembered Present: A Biological Theory of Consciousness*(New York: Basic Books, 1989).

Gerald M. Edelman, *A Universe of Consciousness: How Matter Becomes Imagination*(New York: Basic Books, 2000). 《뇌의식의

우주》, 제럴드 M. 에델만 지음, 장현우 옮김, 한언출판사, 2020.

Arthur C. Guyton, *Anatomy and Physiology*(Philadelphia: Saunders College Publishing, 1985).

Richard. Hanley, *The Metaphysics of Star Trek*(New York: Basic Books, 1997).

John. Heil, *Philosophy of Mind: A Guide and Anthology*(Oxford, UK: Oxford University Press, 2004).

Allan J. Hobson, *Consciousness*(New York: Scientific American Library, 1999).

Ito Masao, Yasushi Miyashita and Edmund T. Rolls. *Cognition, Computation and Consciousness*(Oxford, UK: Oxford University Press, 1997).

Frank Jackson, "Epiphenomenal Qualia." *Philosophical Quarterly* 32 (1982): 127-36.

Clinton W. Kelly, "Can a Machine Think?", http://www.kurzweilai.net/meme/frame.html?main=/articles/art0214.html?m%3D4(2005년 1월 10일 검색).

Ray Kurzweil, *The Age of Intelligent Machines*(Cambridge, MA: MIT Press, 1990).

Ray Kurzweil, *The Age of Spiritual Machines: When Computers Exceed Human Intelligence*(New York: Penguin Books, 2000). 《21세기 호모 사피엔스》, 레이 커즈와일 지음, 채윤기 옮김, 나노미디어, 1999.

Ray Kurzweil, *Are We Spiritual Machines? Ray Kurzweil vs. the Critics of Strong AI*(Seattle, WA: Discovery Institute, 2002).

Ray Kurzweil, "The Coming Merging of Mind and Machine", *Scientific American*(1999년 9월호).

Ray Kurzweil, "Live Forever—Uploading the Human Brain... Closer than You Think", http://cms.psychologytoday.com/articles/pto20000101000037.html(2005년 1월 8일 검색).

Ray Kurzweil, "My Question for the Edge: Who Am I? What Am I?", http://www.edge.org/q2002/q_kurzweil.html(2005년 1월 3일 검색).

Joseph LeDoux, *Synaptic Self: How Our Brains Become Who We Are*(New York: Penguin Books, 2002). 《시냅스와 자아》, 조지프 르두 지음, 강봉균 옮김, 동녘사이언스, 2005.

Douglas B. Lenat, "CYC: A Large Scale Investment in Knowledge Infrastructure", *Communications of the ACM* 38, no. 11 (1995): 33- 38.

Douglas B. Lenat, Ramanathan V. Guha, Karen Pittman, Dexter Pratt and Mary Shepherd, "CYC: Toward Programs with Common Sense", *Communications of the ACM* 33, no. 8 (1990): 30 -49.

David Lewis, "What Experience Teaches", *Proceedings of the Russellian Society*(Sydney, Austrailia: University of Sydney, 1988).

John McCarthy, "What is Artificial Intelligence?", (Computer Science Department, Stanford University, 2000).

Phil McNally and Sohail Inayatullah, "The Rights of Robots:

Technology, Culture and Law in the 21st Century, http://www.metafuture.org/Articles/TheRightsofRobots.html(2005년 1월 17일 검색).

Marvin L Minsky, "Conscious Machine", *Machinery of Consciousness*(Proceedings of the National Research Council of Canada, 75th Anniversary Symposium on Science in Society, 1991).

Marvin L Minsky, *The Society of Mind*(New York: Simon and Schuster, 1985). 《마음의 사회》, 마빈 민스키 지음, 조광제 옮김, 새로운현재, 2019.

Marvin L Minsky, "Will Robots Inherit the Earth?", *Scientific American*(1994년 10월호).

Tood C Moody, "Conversations with Zombies", *Journal of Consciousness Studies* 1, no. 2 (1994): 196-200. http://www.imprint.co.uk/Moody_zombies.html

"Moore's Law", http://www.intel.com/research/silicon/mooreslaw.htm(2004년 4월 18일 검색).

Moravec Hans, "Letter from Hans Moravec", *New York Review of Books*(1999년 3월 25일). http://www.kurzweilai.net/meme/frame.html?main=/articles/art0017.html(2006년 11월 29일 검색).

Thomas Nagel, "What Is It Like to Be a Bat?" *Philosophical Review* 83 (1974): 435-50.

Karl R. Popper and John C. Eccles. *The Self and Its Brain*(Berlin: Springer Verlag, 1977).

John Preston and Mark Bishop, *Views into the Chinese Room*(Oxford, UK: Oxford University Press, 2002).

Joseph F. Rychlak, *In Defense of Human Consciousness*(Washington, DC: American Psychological Association, 1997).

Gilbert Ryle, *The Concept of Mind*(London: Hutchinson & Company, 1949).

Roger Schank, "Can Computers Decide?", http://www.kurzweilai.net/meme/frame.html?main=/articles/art0221.html?m%3D3 (2005년 1월 10일 검색).

John R. Searle, "Consciousness", http://www.kurzweilai.net/meme/frame.html?main=/articles/art0282.html?m%3D3(2005년 1월 10일 검색).

John R. Searle, "I Married a Computer", In Kurzweil, *Are We Spiritual Machines?*, pp. 56~77.

John R. Searle, "Is the Brain's Mind a Computer Program?", *Scientific American*(1990년 10월호).

John R. Searle, *Mind, Language, and Society: Philosophy in the Real World* (New York: Basic Books, 1998). 《정신, 언어, 사회》, 존 설 지음, 심철호 옮김, 해냄, 2000.

John R. Searle, "Minds, Brains and Programs", *Behavioral and Brain Sciences* 3, no. 3 (1980): 417-24.

John R. Searle, *Minds, Brains and Science*(Cambridge, MA: Harvard University Press, 1983).

John R. Searle, *The Mystery of Consciousness*(New York: New York Review of Books, 1997).

John R. Searle, *The Rediscovery of the Mind*(Cambridge, MA: Bradford Books/MIT Press 1992).

Robert Sylwester, *How to Explain a Brain: An Educator's Handbook of Brain Terms and Cognitive Processes*(Thousand Oaks, CA: Corwin Press, 2005).

Alan Turing, "Computing Machinery and Intelligence", *Mind* 59, no. 236 (1950): 433-60.

Geoffrey Underwood, *The Oxford Guide to the Mind*(New York: Oxford University Press, 2001).

Joseph Weizenbaum, "ELIZA—A Computer Program for the Study of Natural Language Communication between Man and Machine", *Communications of the ACM* 9, no. 1 (1966): 36-45.

Larry Wright, "Argument and Deliberation: A Plea for Understanding", *Journal of Philosophy* 92, no. 11 (1995): 565-85.

Larry Wright, *Better Reasoning: Techniques for Handling Argument, Evidence and Abstraction*(New York: Holt, Rinehard and Winston, 1982).

Adam Zeman, *Consciousness: A User's Guide*(New Haven, CT: Yale University Press, 2002).

옮긴이 이한나

카이스트와 미국 조지아공과대학교에서 컴퓨터공학을 공부했다. 덕성여자대학교에서 심리학 학사를 받은 뒤 미국 UCLA에서 인지심리학으로 석사 학위를 받았다. 동 대학원 박사과정에 재학 중 번역에 입문하여 지금은 뇌 과학과 심리학 도서 전문 번역가로 일하고 있다. 옮긴 책으로 《뇌 과학의 모든 역사》《중독에 빠진 뇌 과학자》《긍정심리학 마음교정법》이 있다.

이것은 인간입니까

첫판 1쇄 펴낸날 2022년 7월 5일
2쇄 펴낸날 2022년 9월 23일

지은이 엘리에저 J. 스턴버그
옮긴이 이한나
발행인 김혜경
편집인 김수진
책임편집 임지원
편집기획 김교석 조한나 김단희 유승연 김유진 곽세라 전하연
디자인 한승연 성윤정
경영지원국 안정숙
마케팅 문창운 백윤진 박희원
회계 임옥희 양여진 김주연

펴낸곳 (주)도서출판 푸른숲
출판등록 2003년 12월 17일 제2003-000032호
주소 경기도 파주시 심학산로 10(서패동) 3층, 우편번호 10881
전화 031)955-9005(마케팅부), 031)955-9010(편집부)
팩스 031)955-9015(마케팅부), 031)955-9017(편집부)
홈페이지 www.prunsoop.co.kr
페이스북 www.facebook.com/simsimpress **인스타그램** @simsimbooks

ISBN 979-11-5675-967-6(03400)

* 잘못된 책은 구입하신 서점에서 바꾸어 드립니다.
* 본서의 반품 기한은 2027년 9월 30일까지입니다.